明
室
Lucida

照亮阅读的人

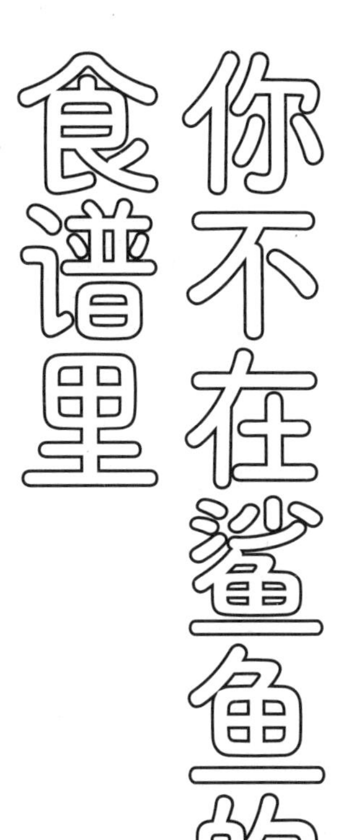

关于动物
古怪又迷人的
真相

［日］HAJIME MATSUBARA
松原始
著

曹逸冰
译

北京联合出版公司
Beijing United Publishing Co.,Ltd.

图书在版编目（CIP）数据

你不在鲨鱼的食谱里：关于动物古怪又迷人的真相 /（日）松原始著；曹逸冰译．-- 北京：北京联合出版公司，2024. 12. -- ISBN 978-7-5596-7842-3

Ⅰ. Q95-49

中国国家版本馆 CIP 数据核字第 2024PV4553 号

你不在鲨鱼的食谱里：关于动物古怪又迷人的真相

作　　者：［日］松原始
译　　者：曹逸冰
出 品 人：赵红仕
策划机构：明　室
策划编辑：刘麦琪
特约编辑：刘麦琪
责任编辑：高霁月
素描插画：木原未沙纪
装帧设计：曾艺豪 @ 大撇步

北京联合出版公司出版
（北京市西城区德外大街 83 号楼 9 层　100088）
北京联合天畅文化传播公司发行
北京市十月印刷有限公司印刷　新华书店经销
字数 165 千字　880 毫米 ×1230 毫米　1/32　8.25 印张
2024 年 12 月第 1 版　2024 年 12 月第 1 次印刷
ISBN 978-7-5596-7842-3
定价：59.80 元

前言

常言道，人生九成靠颜值。

哪怕双方都是人，说的都是同一种语言，也很难摆脱源自外表的第一印象。如果对方是本就与我们语言不通的动物，而且也很少在实际生活中与它们打交道呢？

以鲸头鹳为例。媒体将其形容为“面相凶狠却一动不动的鸟”，因而人气飙升。可要是撇开这句宣传语，就这么瞥它一眼，你会产生怎样的印象呢？犀利的眼神，突显眼珠的深邃眼窝外加巨大的喙……长成这样，怎么可能不是反派呢？

从这个角度看，动物给人留下的印象十成靠颜值。

许多动物甚至还有专属头衔：狮子是“百兽之王”，鲨鱼是“凶悍的吃人狂魔”，乌鸦则是“奸诈小人”。一旦配上这种简单好记的词组，第一印象便会牢不可摧。外观与头衔的组合会将这种印象牢牢印刻在人类的大脑中，以至于看到乌鸦在附近飞过，人们都要嚷嚷一通“乌鸦杀过来啦”。

再举一个单凭外观下定论的例子。

科学家在戈壁滩首度发现恐龙蛋化石时，也在某种恐龙的巢中找到了成体恐龙的化石。当时人们认为蛋属于草食性的原角龙，但成体并非原角龙。

由于这成体的头骨就挨着蛋，人们断定这只恐龙是吃蛋的捕食者，便将其命名为“窃蛋龙”，认为它是跑来偷原角龙的蛋，结果遇到了沙尘暴之类的变故，以扒拉着蛋的状态一命呜呼。

谁知，对恐龙蛋的进一步研究表明，被窃蛋龙“盯上”的蛋属于一种小型肉食性恐龙，而且这类恐龙会筑巢照顾自己的蛋。

搞了半天，那些蛋就是窃蛋龙自己的蛋。它其实是在保护那一窝蛋（或者孵蛋）的时候意外死亡。

多么可悲的误会啊。然而为避免混乱，学名一旦确定就无法更改。本应被命名为“慈爱龙”的它，至今仍顶着“偷蛋贼”的污名。

我是研究乌鸦的，但素来热爱各类动物。我的专业是动物行为学，而这门学问的研究对象就是各种各样的动物。

动物行为学是一门**观察并研究“动物的行为方式”，推敲“其行为的意义是什么”，探究“做出那种行为时，动物发生了什么”**的学问。

所以我对各种动物都有所了解，尽管比较粗浅。我亲自观察过一些动物，也读过、听过许多关于动物的趣闻逸事。

多年的研究告诉我，狮子把幼崽踢下山崖根本毫无意义。可爱的小鸟也不一定心地善良。别看海豚长得那么讨喜，其实它们也有可怕的一面。连“乌鸦很聪明”这种说法，我都不敢举双手赞成。

此话怎讲？大家看下去就知道了。总而言之，**动物行为学家眼中的动物，和大众的第一印象相距甚远。再者，动物的行为也没有常人想象的那么简单。**

问个直击灵魂的问题：你能只用一句话概括自己的性格和行为吗？

举个例子吧。我这人爱喝清酒，但这并不等于“非清酒不喝”。我在居酒屋点的第一杯酒往往是啤酒。如果去的是冲绳特色餐厅，我应该会要一杯泡盛[1]，因为泡盛最契合冲绳菜和店里的氛围。碰上稀罕的酒，我也会尝上一尝。

如果要用一句话来概括，我的行为是很“随意”的，“想一出是一出”。这样的标语跟废话也没什么区别。

人做某件事肯定有相应的理由和原因。有的是天生体质使然，有的则是后天学会的；有的是最近的倾向，有的则是受了当天特殊情况的影响，突然心血来潮。想用“一句话标签”来概括才是大错特错。

动物也是如此。

当然，每个物种都有各自的倾向性和局限性。但用一句简单粗暴的话随便概括，就等于是在说“日本人都戴眼镜，都爱吃寿司和寿喜锅”，别提有多粗率了。

一旦被贴上他人擅自想象出来的标签，误会就会越来越

1　特产于琉球群岛的高度蒸馏酒。——本书注释均为译者注

大，发展成“日本人都戴眼镜，是柔道黑带、空手道大师、忍者的后代，都爱吃寿司和寿喜锅”。

动物也被扣上了这种错误的印象，**但让我不爽的不单单是“错误的印象”。关键的问题在于“是否尊重动物”**。

在充分了解一个人的前提下认为“他真是糟透了”，那倒还好。可在完全不了解对方的时候妄下定论，那就太没礼貌了。

本书想要解开的，就是这样的误会。

本书将从生物的实例出发，深入探讨关于外表的误会（比如“美丽”和“可爱”）、关于性格的误会（比如“聪明”和“善良”）和关于生活方式的误会（比如“大男子主义”和“疼爱孩子”）。

但读者朋友们无须死记艰深晦涩的理论。我只是想告诉大家，动物各自的生活方式都有相应的理由（而且往往是不得已的苦衷，除此之外别无生路），而这些理由只能从生物学的角度来解释。

“这就是它们的活法”——只要把这句话放在脑海的角落里就足够了。

了解得越多，就越是不喜欢，这倒也是常有的事。但了解好歹会催生出几分理解，让你认识到：“哦，这就是它们的生活方式吧。”动物们顽强求生的模样，也能让人心生敬意。

希望大家都能立足于事实，以中立的态度去看待动物。

在此基础上，对动物抱有怎样的印象都是你的自由。

可别因为偏见就随便讨厌人家呀。

松原始

目录

第一部分　关于外表的误会

颜值是很重要，这是不争的事实。

不然影视剧作品里怎么都是俊男靓女呢？

但生物的『形态』是有意义的。

至于被那些形态勾起了怎样的印象，是人类自己的问题，

不关生物的事。

生物的形态是根据生活环境演化的结果。

不了解内在，却对外表指指点点，那也太没礼貌了。

1

“可爱”vs“可怕”

海鸥和乌鸦一样爱翻垃圾

为了生存……争走可爱路线！！

听说过印太江豚吗？那是一种小型鲸类，体长不过两米。印太江豚属于齿鲸亚目（所以算海豚的亲戚），鼻头圆圆的，神似白鲸。它们也分布在日本的内湾和近海，例如濑户内海和伊势湾。听说印太江豚的数量在不断减少，你会不会有点心痛的感觉呢？

那我要是告诉你，一种栖息在澳大利亚昆士兰州、体长五厘米左右、身披粗粝鲨鱼皮的蛙灭绝了呢？你会像惦记印太江豚那样，关心它们的命运吗？

有人在 2012 年发表了一篇关于这个问题的论文。

“被列为保护对象的动物往往都是可爱或显眼的大型动物。不显眼的动物寥寥无几，植物更是无人问津”（Earnest Small, 2012, The new Noah’s Ark: beautiful and useful species only. Part 2. The chosen species. Biodiversity:13-1）。

作者一针见血地指出了人类感性的偏颇。

从科学层面看，“动物的外表”和“保护它的重要性”之间没有任何关系。如果我们认为地球上的每一场灭绝都是莫大的损失，那么每一种生物都应该受到同等级别的保护，可惜事实并非如此。

乍听起来颇有些“长得好看就能占便宜”的意思，**但人类就是偏爱好看的生物**。至于那些“一眼看不见”的小动物，就会跟路边的小石子一样惨遭漠视。

近年来，北长尾山雀北海道亚种已成为“可爱小鸟”的代名词。栖息于本州以南地区的亚种也是“北长尾山雀”，但只有北海道的亚种被称为“島柄長”[1]。其特征就是纯白的小脸。其他亚种脸上有神似眉毛的黑线。

不过，北海道亚种是不是北海道独有的还有待商榷。“类似”的个体也能在青森县找到，其分布范围不一定与人类划定的县界一致。不过嘛，北海道和青森县之间的海峡应该会成为种群迁徙的障碍。话说千叶县也有小脸雪白的北长尾山雀，不知是怎么搞的。

地理条件和实际的遗传隔离并不总是一致的，稍有特色的性状在某个局部地区固定下来也是有可能的，所以这个问题略有些复杂。

我个人倒是更喜欢眼睛上方有“眉毛”的北长尾山雀。

---

1 “柄長”指让人联想到长柄的长尾，“島”则指北海道。

可爱系代表，
印太江豚和浓眉的北长尾山雀。

正脸那叫一个萌……

北海道亚种的正脸确实可爱到犯规，但我想借此机会强调一下，**普通北长尾山雀的浓眉也很可爱**。

撇开这些不谈，**其实北长尾山雀的可爱之处，在于那娇小到极点的体形**。全长（从喙到尾巴尖）十四厘米，跟麻雀差不多，但尾巴占了一半以上。尾巴以外的部分小得能一手握住。体重也不到十克。这么个小东西鼓起翅膀蜷成一团的模样可真是太萌了……跟不知道这种鸟的人介绍其特征时，我都会把它们形容成“插着扦子的糯米团”。

话说北长尾山雀很是多产，亲鸟带着十来个孩子的情况也是有的。出窝的幼鸟们在枝头站成一排，你推推我，我挤挤你，那场面绝对能萌得人浑身发抖。日语里有个形容拥挤的词叫“目白押し”，就是来自日本绣眼鸟站成一排相互推挤的景象。[1]我敢拍胸脯保证，一群北长尾山雀挤在一起也是“萌死人”没商量。

不觉得企鹅的眼睛有点吓人吗？

话说是什么决定了一只鸟“可不可爱”呢？

圆滚滚的脸蛋？水灵灵的眼睛？

这么说来，企鹅的脸就不太适合凑近看了。它们走路时一摇一晃，憨态可掬，摆动鳍肢（企鹅的前肢是用来游泳的，所以不叫“翅膀”）的模样可爱极了，甩头的动作也萌，歪头杀更是所向披靡。可是……**眼神好凶啊！**

企鹅的眼睛形似杏仁，虹膜可白可红。小小的黑色瞳仁位于中央，仿佛在瞪你似的。**要是漫画里出现这样一个人物，那绝对是恶贯满盈的大反派。**长一双这样的眼睛却不是反派的角色，恐怕就只有R.田中一郎和山治了吧。至于利威尔兵长……唔，有点微妙（感兴趣的读者不妨自行查一查）。[2]

顺便一提，别看企鹅长得胖，人家可敦实了，跟“蓬松柔软”毫不沾边。被鳍肢扇一下，瘀青几日是免不了的。要是被帝企鹅拍上一巴掌，搞不好要骨折。

不得不说，**鸟的“可爱”在很大程度上得归功于“远观”。**

---

1 日本绣眼鸟的日语为“目白”，它们常群集活动。

2 R.田中一郎、山治和利威尔兵长都是漫画中的角色，分别出自日本漫画《究极超人R》《航海王》和《进击的巨人》。

企鹅的杏仁眼，在虹膜的衬托下更显犀利。
日本绣眼鸟的“水灵大眼睛”得归功于白眼圈。

日本绣眼鸟不就是个典型吗？是它们的白眼圈骗过了远观的人，催生出了“水灵大眼睛”的错觉。单看眼睛，就会发现暗褐色虹膜的正中央有个针眼一般小的黑色瞳孔正盯着你看。

鸟眼的这一特征在绘画中体现得尤为明显。日本画里有成定式的画鸟方法，虹膜和瞳孔的对比总是非常明显，精准呈现了鸟眼的“阴森可怖”。

插句题外话，日本绣眼鸟的眼圈并不是完整的圆。仔细观察，就会在靠近喙的那一头发现一处裂口，整体形似视力表上的“C”字。不过一个人要是远远望去都能看清裂口在哪儿，视力肯定远超 2.0，所以没注意到也不丢人。动用望远镜也不容易看清楚，因为它们动个不停，特别灵巧。

只有眼睛可爱的犀鸟

有些鸟则是整体吓人，唯独眼睛可爱。犀鸟便是最好的例子。

犀鸟的外形很是奇异。最引人注目的莫过于那诡异的喙。巨大的喙高及头顶，跟鹤嘴镐一样。光这样还不够，从头到喙还长着铜盔状的突起。**眼神犀利，加上鸟嘴的奇特轮廓，颇具恐龙遗风。**

这种鸟可爱在哪儿呢？将视线投向那粗犷豪气的脸庞中央，你便会看到它的眼睛上面长着根根分明的长睫毛，而且每一根都向外卷翘，直教人怀疑是做了美睫。我就不绕弯子了——那就是化着浓妆的恐龙。

犀鸟有着非常耐人寻味的生活史，而且栖息地正遭受着严重的破坏。不过话说回来，我实在是不明白那巨大的喙有什么意义。

犀鸟吃果实和小动物（如昆虫、蜥蜴等），并不吃大的东西。扔个小果子过去，它便会张开大嘴，稳稳接住，倒是灵巧得很，可也没有必要把喙搞得这么大吧……每种犀鸟喙部的颜色和突起的形状都不一样，似乎已经发展成了用于区分的识别标志。

犀鸟的繁殖习性很是独特。它们会在大树的洞中筑巢，雌鸟一旦开始孵蛋，就用泥土把巢的入口封死，只留一个小孔。雄鸟通过小孔给里头的雌鸟送吃的。

日本神话中的素戋呜尊咏过这样一首和歌：“八云立兮层

犀鸟的睫毛是天然卷。
艳丽的色彩可能是为了区别种类，
可卷翘睫毛的意义仍是未解之谜。

云涌，出云清地八重垣，欲笼吾妻居此处，遂造出云八重垣，其八重垣可怜矣。”[1] 犀鸟的做法不就是“笼吾妻”的写照吗？

这种大鸟需要广阔的森林供应吃食，需要粗壮的古树用于筑巢。可惜，作为栖息地的森林正不断被改造成一片片油棕榈园，“恶心萌浓妆恐龙”正在逐渐失去赖以生存的环境。

浣熊的攻击性

莫名其妙的“可爱”并非鸟类的专利。浣熊就是外表和内在完全不符的典型。

浣熊本是原产北美的哺乳动物，日本当然是没有的。谁

1 相传神祇素戋呜尊斩杀八岐大蛇，解救了本要被献祭的奇稻田姬，并娶她为妻。二人定居出云国并建造宫殿，素戋呜尊便作这首和歌，这也是日本最早的和歌。大意为：八云相立，不知建了几道城墙，我为了让妻子住在这里，无论几道城墙我也将为之建造。

知作为宠物引进的浣熊渐渐在野外繁殖开来，以至于日本各地都有野生浣熊定居。

以美国为背景的经典动画片《浣熊拉斯卡尔》刻画了名叫“拉斯卡尔”的浣熊和一个男孩的友谊。最后一集，男孩决定将长大的拉斯卡尔放归自然，便划着独木舟顺流而下，将它送到森林深处。拉斯卡尔舍不得男孩，一直追着他跑，男孩却铁了心要把它送回森林……分别的一幕催人泪下，着实感人。

许是受了这部作品的影响，日本开始进口浣熊，作为宠物饲养。然而，人们忽略了一个重要的问题：**哪怕是在虚构的故事里，主人公都没能养下去，只能选择放归**。顺便一提，“拉斯卡尔”（rascal）这个词在英语里本就是“淘气鬼”“坏孩子”的意思。

浣熊有一双巧手。**长得可爱，却很有攻击性。**它们是大自然中的捕食者，爱吃鱼、蛙和小龙虾，虽然顶着人畜无害的脸蛋，牙齿却很锋利。还是幼崽时也就罢了，成年浣熊绝不是什么好养的动物，没人能保证宠物浣熊会跟动画片里的一样亲人（其实长大的浣熊十有八九不亲人）。于是乎，人们就把养不下去的浣熊放归了野外。

动画片的故事发生在北美，放了倒也不碍事。因为主人公养的本就是捡来的野生浣熊。可是在日本放生浣熊，就意味着原本不属于那里的野生动物闯入了日本的生态系统。换句话说，这就是在引进外来物种，**绝非能用“放归自然”概括的美谈。**

所幸截至目前，还没有出现日本本土动物被浣熊害得濒临灭绝的情况。然而，外来物种对生态系统的破坏终究是让世界各国头疼不已的重大问题。

在美国和澳大利亚，鲤鱼成了十大外来入侵物种之一。日本金龟子更是横扫北美。那是一种小型食叶昆虫，幼虫通过出口的球根传播到了北美。说来丢人，它们的英文名字叫"Japanese beetle"。

浣熊下得了水，上得了树，什么都吃，鱼、蛙、甲壳类、鸟、昆虫都在它们的食谱上，似乎也不介意靠近人类。这意味着它们有可能发展成相当麻烦的捕食者。

只能说这都是"可爱"惹的祸。

话虽如此，拥有灵巧前肢的动物还是很"占便宜"的，举手投足讨喜也是不争的事实。还记得读研的时候，学弟要用浣熊做研究（他是研究蝾螈的，需要借助浣熊观察蝾螈面对捕食者时的行为以及捕食者的反应），便借来了一只被人逮住的浣熊。当时我帮他把浣熊搬去实验小屋。那是我第一次近距离观察浣熊。

学弟提醒道："尽量别挨着笼子，小心被它咬。"于是我伸长胳膊，和笼子保持距离。搬着搬着，忽然觉得裤子被什么东西钩住了。停下脚步，低头望去，只见笼子里的浣熊（算不上幼崽，是一只比较年轻的雄性）站了起来，仰头捏住我的裤子，拉拉扯扯。

那小眼神仿佛在说："你理理我嘛——"萌得我差点忘记"这家伙是不该出现在日本的外来物种，很可能对本地物种产生负面影响，是需要驱除的有害生物，还会携带狂犬病毒”。

这段亲身经历让我意识到，就算真有人败给了名为“可爱”的魅力（或者更应称之为魔力），那也无可厚非。可要是就这么败下阵来，大家都没有好果子吃。恶灵退散！可那双水灵灵的大眼睛实在是……

狂暴？说来听听

那些不怎么可爱的家伙，尤其是被贴上了**“危险”“狂暴”**等标签的生物呢？它们是真的很吓人吗？都铺垫到这份儿上了，大家应该也能猜个八九不离十了。

乌鸦当然也属于这种类型。直到现在还老有人问我：**“是不是跟乌鸦对上眼就会被袭击呀？”**别信啊，没有的事！

一旦四目相对，就会惨遭袭击——这话放在日本猕猴身上倒不一定错。因为在它们的认知体系里，**盯着对方的眼睛看就是打架的信号**。

完全野生的猴子是很难接近的，即便真凑到了跟前，谨慎的老猴也不会轻易接受挑衅。可要是碰上了相对年轻的小猴子，那就得格外留神了。哪怕对面是人，小年轻也有可能扑上来（咬不咬是另一码事，不过光是被猴子威吓就够吓人的了）。当然，成年猴子也会在认定孩子或母猴有危险时威吓人类。

经常被投喂，（贬义上）习惯了跟人打交道的猴子在某些情况下是很危险的，所以“通过转移视线避免在无意中激怒猴子”并非毫无意义。但过于明显地移开视线就等于是在告诉它：“非常抱歉，小的无意找碴！”而这样可能会使它得意忘形，翘起尾巴。如果你跟猴子之间的气氛非常紧张，**最好时不时瞥它一眼，加以牵制，但又不能瞪得太狠，激得人家动手，总之要谨慎把握好这个度**。

顺便一提：如果你有信心打赢，瞪着猴子倒也不是不行。但我觉得自己是没什么胜算的，除非对面是五岁以下的小猴子。哪怕真对上了小猴子，我也不想轻易冒险，特殊情况除外。

怎么样算“特殊情况”呢？比如学生被猴子威吓的时候。有一次，我带的学生想凑近些观察猴子，却惊到了视野盲区里的小猴子。眼看着小猴子朝他扑去——

学生牢记我的叮嘱，以倒走的姿势迅速逃跑，绝不暴露后背。小猴子却跟他保持一定的距离，紧追不舍。在危机爆发的那一刻，我就冲了上去，绕到退回来的学生前面，直面那只小猴子，然后凶神恶煞地瞪着它，翻起嘴唇，龇牙咧嘴，模仿猴子吓唬敌人的叫声大吼一通：“嘎嘎嘎嘎！”

这招貌似是奏效了……呃，应该说效果好过了头。只见那小猴子惨叫着跑了回去，紧紧抱住一旁的护栏。

倒也没想把你吓成这样……

碰上乌鸦就省心了，因为人比乌鸦大得多。真和乌鸦对上了眼，它肯定会慌忙转身或迅速飞走。用望远镜、照相机这种神似“大眼睛”的镜头对准它，结果自不必说。

当然，例外情况也是有的。如果你在乌鸦火冒三丈、怒火一触即发的时候跟它来个眼神接触，也不是没有可能引爆攻击。但这也不算“一对上眼就会被袭击”吧，只能说“要是把乌鸦气成那样，难免要被它踹两脚”。

没错，乌鸦的攻击仅限于踢踹，而不是坊间盛传的“破空而来，趁势啄人”。再说了，要是乌鸦以飞行的速度一头撞过来，危险的反而是它。小鸟因为撞到窗玻璃折断鸟喙、头骨破损是常有的事，严重的甚至会导致颈椎或脊椎骨折。

而且仔细观察标本，你就会发现乌鸦（尤其是大嘴乌鸦）的喙是弯的，直直戳过来也会打滑，根本扎不进肉里。要想扎入对方体内，就得大力甩头，让头做圆周运动。在空中完成如此灵巧的动作绝非易事，在立足点不固定的情况下，整套动作的杀伤力也不大。

总而言之，乌鸦几乎不可能在飞行期间用喙啄人。

不过你要是抓住了一只乌鸦，那还是很有可能被咬的。鸟类的基本攻击方式是“咬”，而乌鸦的咬肌相当强大。被它咬上一口，分分钟皮开肉绽。

遭遇胡蜂

那危险生物排行榜的常客——蜂类呢？

单论颜值，胡蜂是一种很酷的动物。眼神怪吓人的，而身体形似子弹，看着肌肉发达，像极了制作精良的“机器”。

但不得不说，胡蜂也是人们最不想在山区遇到的生物之一。观察鸟类时，你也许会发现嗡嗡作响的胡蜂扑扇着翅膀停在你面前的半空中。**那是胡蜂在识别出现在日常飞行路线上的陌生物体。**要是在这个时候一不留神掸开了它，它可能会将你判定为**“可疑目标”**，缠着你不放。

真引起了胡蜂的注意也没关系。通常情况下，它们只会执拗地观察个几分钟，完事了就飞去别处，只是这几分钟着实煎熬得很。所以在胡蜂接近时，唯一的办法就是蹲下来避避风头。因为它们只关注有一定高度的地方，不看低处。

最糟糕的情况莫过于“蜂巢就在附近”，这意味着你可能遭遇胡蜂大军的攻击。大颚咔咔作响，弯曲的腹部伸出毒刺，还有毒液从毒刺顶端滴下来，一副迫不及待要蜇人的样子……那景象可太吓人了。这种情况是真的很危险，只能撒腿就跑，搏一条生路。如果只有一只胡蜂，一巴掌掸开它再跑倒也是个办法。

某次上山调查的时候，我遇到了一条十多米长的险路，只能踩着三十厘米宽的岩架通过。于是我只得抱着岩壁，跟螃蟹似的一步步往前挪，却偏偏在这个节骨眼上遇到了胡蜂。

条件有限，根本没法蹲。眼看着胡蜂不停地围着我打转……还记得那是个仲夏的午后，我是又热又怕，浑身大汗淋漓，却只能咬牙坚持。谁知那胡蜂居然停在了眼前的半空中，大颚一开一合。

要命，这可如何是好。被蜇一下怕是要痛死，痛到失足跌落山崖就更危险了。问题是，这地方没法撒开腿跑。

我怀着万千愧疚悄悄抬起右手，待胡蜂飞到刚刚好的位置，反手全力一击，然后用最快的速度穿过了岩架。

不过如此危险的情况怕是一辈子都碰不上几回。出于工作需要，我经常上山调查，照理说肯定比普通人更接近胡蜂的生活圈，但惊心动魄也就那么一回而已。

“凶悍”之罪

用“狂暴”“凶悍”这样的字眼形容动物恐怕并不妥当。因为被冠以这类称号的动物，往往只是捕食方式比较激烈而已。

好比前面提到的胡蜂，人家不过是挺身而出保护蜂巢罢了。在人类看来，胡蜂确实很可怕（运气不好会丢掉小命），但它们绝不会为了找乐子就随随便便发动攻击。仅仅站在胡蜂的巡逻路线上就被死死盯着，确实是挺吓人的，但站在胡蜂的角度看，它们也不过是想确保蜂巢周围的安全。

木蜂比胡蜂还冤。它们确实大，性情却跟胡蜂截然不同。

木蜂是蜜蜂科的成员，又大又黑（常见的黄胸木蜂则是胸部有一圈黄毛），和熊颇有些神似[1]，但性格非常温顺。

每逢紫藤盛开的季节，便能看到木蜂在花丛中飞来飞去，嗡嗡作响。但它们不会对人做什么，除非你刻意招惹。而且木蜂还能陪你消遣解闷：往空中抛个小石子，它们就会迅速凑过来。这是因为雄性木蜂时刻等待着雌性，看到在飞的东

1　木蜂在日语中是“クマバチ”（熊蜂），因其形态令人联想到熊而得名。中文则是以其在木结构中筑巢的习性将其命名为“木蜂”。

毛茸茸的木蜂
别看它长这样，其实是蜜蜂的亲戚。

战斗机器胡蜂
好莱坞电影《蚁人 2：黄蜂女现身》（*Ant-Man and the Wasp*）中的“wasp”就是它。

西都要凑上去看个究竟。

有些马大哈木蜂甚至会因为抱着小石子差点掉到地上，真够冒失的。

胡蜂和马蜂[1]（英语称“wasp”）是肉食性的，会吃其他昆虫，木蜂却是蜜蜂的亲戚，以花蜜和花粉为食。**木蜂有一张毛茸茸的小萌脸，跟“战斗机器”胡蜂走的是完全不同的路线（没有说胡蜂不好的意思！）**。

话说木蜂在枯树或木材的长洞里筑巢。它们的巢穴跟竹节一样隔成若干段，有的放花粉团，有的放卵。木蜂不像蜜蜂和胡蜂那样有大量的工蜂（但也不完全是独居，因为先孵化的会保卫蜂巢的入口），所以也不存在被木蜂大军袭击的危险。

---

1 胡蜂、马蜂，以及上文图注中出现的黄蜂的英语都是“wasp”，中文里也多有混用，但严格意义上它们属于胡蜂科下不同的属。

有些动物的行为确实在视觉层面令人生畏。鲨鱼张开血盆大口，伸出下巴（许多鲨鱼的下巴可以向前伸）撕咬猎物的场面极具冲击力。尼罗鳄扑向来到水边的牛羚，把它拖下河去，然后在水中扭动身体夺其性命的模样也吓人得很，光是想象“要是被它咬住的是我”都教人不寒而栗。

但它们的暴力是有原因的：**猎物太大，不这么搞就很难吃到，或是有被反击的危险，仅此而已。**你要嫌人家吃相太凶，那人类拿起排骨上嘴啃、大口大口吃插在竹扦上的香鱼也文雅不到哪儿去。

而且人类是会共情的，看到大型动物或与人关系亲密的动物惨遭杀害，无法保持客观也在所难免。完全不为所动，说一句“这就是自然规律”了事反而更难。这种情绪是可以习惯的，也可以主动压制，只不过就算能理解其背后的逻辑，也很难做到心无波澜。

但因此给生物贴上“凶悍”“狂暴”的标签，主观臆测人家的性格，那就是另一码事了。

鲨鱼和醉鬼，哪个更可怕？

每年夏天都会曝出“某海滨浴场因发现鲨鱼禁止游客下海”之类的新闻。大型鲨鱼确实有可能伤人，但大多数鲨鱼并不会主动攻击人类。

哪怕是发现了皱唇鲨这种基本上不会攻击人类的小鲨鱼，都要禁止游客下海，“以防万一”。如此大惊小怪，恐怕是受了“那部电影”的影响。说起恐龙，大家头一个想到的就是《侏罗纪公园》。说起鲨鱼，最先浮现在脑海中的自是《大白鲨》(近来更受追捧的可能是美国系列电影《鲨卷风》)。**其实鲨鱼并不像人们想象的那样善于攻击大型猎物。**不走寻常路的鲨鱼当然也是有的，好比巴西达摩鲨，体长最多不过五十厘米，却善于从比自己大的鱼和鲸类身上撕下一口肉来。不过大多数鲨鱼并不愿意追逐太大的猎物。

鲨鱼确实有可能在血腥味的刺激下变得亢奋，狂咬一通，**但至少不会像影视剧作品里描写的那样“一见人就扑上来”**。

著名的鲨鱼专家尤金妮亚·克拉克（Eugenie Clark）甚至说过：“我从来没在水下害怕过鲨鱼。”按她的说法，鲨鱼以巡航模式游泳时，胸鳍是水平展开的，处于攻击模式时，胸鳍则是垂直耷拉着，所以看到胸鳍下垂的鲨鱼时，她会格外小心，保持一定的距离。

其实很多人是趴在冲浪板上划水的时候遭到了鲨鱼的袭击。据说这是因为在水下的鲨鱼看来，这么划水的人神似海豹、企鹅或海龟，而体形较大的噬人鲨（大白鲨）经常猎食这些动物。

人待在海里的情况少之又少，所以鲨鱼本就很难遇到人，更不可能把人纳入日常食谱。据说历史上真有专挑人吃的“食人虎”，但世上恐怕并没有专挑人吃的鲨鱼。

全世界每年大约有一百起鲨鱼咬人事件。单看数量，蜂蜇造成的死伤事件要多得多。而且这里头还包括了“潜入浅滩沙中的鲨鱼被人踩到，反射性地张口一咬”的情况（有些鲨鱼就喜欢钻进沙子里等待猎物，好比日本须鲨）。

鉴于人待在海里的时间少得可怜，满打满算，**一辈子又能被鲨鱼袭击几次呢？被醉鬼纠缠的风险反而还高一点**。

前一阵子，我恰好看到了一项研究，说是在印度，因自拍出事的概率比被鲨鱼袭击还高。“在嚷嚷鲨鱼吓人之前，应该先认识到自拍的危险性”——可不是嘛。从这个角度看，**鲨鱼的安全系数可比人高多了**。

话说常被尊为“人类之友”的海豚当真是聪明、可爱又亲人吗？

野生的海豚也会跟着船只乘风破浪，做出种种俏皮伶俐的行为。“海豚救起了溺水的人”之类的故事更是广为流传。由于海豚是群居动物，平时也会帮助伙伴，“顺手”救个人倒也不是不可能。

但海豚的天性中也有相当凶狠的一面。雄性宽吻海豚会成群结队强逼雌性与之交配。这个过程伴随着撞击、撕咬等行为，有可能伤到雌性。有时候雄性甚至会死死压着雌性，百般骚扰，害得雌性被活活淹死。

“雄性逼，雌性逃”的模式在动物界比比皆是，场面有时会相当激烈，但雄性像一群小混混一样成群结队杀向雌性，包夹围堵，推推搡搡的例子实在罕见（部分鱼类和两栖类动物是雌性比雄性大得多，在这种情况下，雄性倒是会在雌性产卵时扎堆）。

一般来说，对雄性而言，雌性是传宗接代的关键力量。交配当然是第一要务，可要是因此造成了对方的死亡，那岂不是鸡飞蛋打？**所以下手狠到害死雌性的例子非常少见。**如此看来，海豚并非人类想象的那般“心地善良”。把人类的善恶标准强加于动物本就是大错特错。

海鸥水手[1]是翻垃圾惯犯

人们对乌鸦也颇有成见。

东京都政府向乌鸦“开炮”的历史要追溯到20世纪90年代末。从当时到21世纪初的那几年，乌鸦堪称最热门话题。野鸟专家松田道生在其著作中结合数据分析过这个问题，媒体拿乌鸦做文章的频率在那一时期呈现出了明显的变化。不过到了2005年前后，媒体提起乌鸦的次数就开始急剧减少了。

乌鸦相关的投诉数量的变化趋势也与媒体报道的频率高度吻合。**耐人寻味的是，和投诉数量密切挂钩的似乎是报道的数量，而非乌鸦的数量。**

对乌鸦的成见便是由此而来。当时的媒体在报道乌鸦时总会配上格外惊悚的标题，诸如“乌鸦日趋狂暴，袭击人类！”。

连部分业内人士都说什么“乌鸦在城里尝到了肉的滋味，逐渐发展成了猛禽”，普通人会误会也是情有可原（其实乌鸦自古以来就吃动物的死尸，岂能不知肉是什么滋味，而且

---

1 日本深入人心的海鸥形象，出自1937年发表的日本童谣《海鸥水手》(カモメの水兵さん)。

城里的乌鸦和乡下的乌鸦都会捕食小动物）。久而久之，“乌鸦很可怕”“乌鸦会攻击人”之类的印象便深入人心了。在那之前，人们对乌鸦的印象仅限于“乱翻垃圾”和“糟蹋庄稼”，却不觉得它们会对人怎么样。

不过，乌鸦的热度正逐渐下降，相关投诉的数量也是急剧下降，甚至超过了乌鸦数量的降幅，这恐怕是因为“乌鸦会害人！”的意识渐渐被时间冲淡了。乌鸦确实会翻垃圾，也确实会到处拉屎，吓唬人类，有时甚至会攻击人类，所以也并非完全无辜，但**不得不说媒体过分夸大了乌鸦的“可怕”程度。**

“乌鸦浑身漆黑，天知道脑子里在想什么，鸟嘴大大的，还油光铮亮，多吓人啊！”——我也觉得人们对乌鸦的成见跟它们的外形有很大的关系。**因为海鸥的所作所为和乌鸦差不多，人们对海鸥的态度却十分友善。**

诚然，许多日本城市没有海鸥，不存在海鸥为非作歹的先决条件。可在公园见着乌鸦就大呼小叫的人，见了水边的红嘴鸥却会心生怜爱。看到成群结队的乌鸦，大多数人都会绕着走。扔面包喂红嘴鸥的大叔还要特意驱赶跑来捡漏的乌鸦。**凭什么啊？！**

红嘴鸥等海鸥都是翻垃圾惯犯。东京湾的梦之岛还是垃圾填埋场的时候，据说岛上的鸟是“白里带那么几点黑”。

白的是蜂拥而至的海鸥，黑的才是乌鸦。海鸥的叫声也吵得很，张口便是“嘎嘎嘎”。贸然接近营巢地，等待着你的就是成群海鸥的威吓和踢踹，外加鸟粪炮弹（而且海鸥是吃鱼的，海鸥粪比乌鸦粪更难闻）。不仅如此，海鸥还经常袭击其他鸟类的蛋和雏鸟。乌鸦和海鸥是扁嘴海雀等小型海鸟的头号天敌。

换言之，海鸥的行径和乌鸦差不了多少，却靠着一身白毛成了童谣的主角。颜值的作用可见一斑。

人难免会根据外表判断某种动物可不可爱，这也是天性使然，**但“外表的可爱程度”和“它们作为生物的生活方式”是两码事。**

所幸我们也不必过于悲观。我在大学开展过问卷调查，问学生们对乌鸦的印象,结果回答“聪明”“可爱”和“帅气”的竟比我预想的多出不少。尽管加起来也不过一成左右，但这足以证明对乌鸦没有负面印象的人还是有的。

而且在初中生和小学生中开展同样的调查时，有近一半的孩子回答“乌鸦很酷”“我不讨厌乌鸦”。当然啦，他们可能是受了中二病的影响，进而对乌鸦产生了“一袭黑衣、傲然独立、经常被人嫌弃却实力过人”的印象。不过媒体的“乌鸦热”早已消退，防止乌鸦翻垃圾的措施也日趋完善，所以人们对乌鸦的印象也有所改善了吧。

机会来了！只盼着孩子们能继续喜欢乌鸦，不要被成年人和社会影响，形成奇怪的思维定式。**小朋友们，长大了可千万不能被“可爱”的外表牵着鼻子走哦！**

2

“美丽”vs“丑陋”

秃鹫靠秃保持清洁

美即武器

“美不美”是非常主观的，而且往往失之偏颇。

我无意评判女性的美丑，但“美女”的标准确实在第二次世界大战落幕后的七十五年里发生了巨变。要知道在千余年前的平安时代，只有“皮肤白皙、体态丰盈”的才算美女。因为那时人们普遍需要下地劳作，营养不良，所以肤白等于不是劳动阶级，丰满等于吃得好。在乌兹别克斯坦，眉毛够粗且左右相连的才是美女。在肯尼亚则是越胖越性感。

于是我们可以由此得出一个结论：**美与丑的定义扎根于不断变化的时代与文化，是极其主观的，可谓是偏见的集合体**。但世间也有超越时代与文化的艺术，无法一概而论。身为博物馆的职员，我也不得不承认，是个人都心服口服的“普遍的美”确实存在，好比黄金比例、左右对称和均等。

看看书店的货架，《全球最美 ××》之类的书籍比比皆是，也确实有些动物是谁见了都说美。顺便一提，有“全球最美”之称的鸟不止一种，其中就包括凤尾绿咬鹃和紫胸佛法僧。

凤尾绿咬鹃分布于中美洲，是危地马拉的国鸟，背部翠绿，腹部深红，还有长长的尾巴（准确地说是“尾上覆羽”，即尾根部背侧的羽毛）。在阿兹特克文明中，它被视作“空气精灵”，只有王室成员才能佩戴其富有金属光泽的羽毛。

紫胸佛法僧则分布于非洲和阿拉伯半岛的部分地区，身披深浅各异的蓝色和水蓝色羽毛，胸口有一小片紫色，英文名“lilac-breasted roller”便是因此而来（lilac 即紫丁香）。有一说一，它们确实非常漂亮。网上有的是照片，大家不妨搜搜看。

蜂鸟、翠鸟和极乐鸟也是鸟类颜值排行榜上的常客。**极乐鸟长得确实好看，不过在某些情况下也能被归入“怪人”的范畴**，因为它们会做出离奇古怪的行为来吸引雌性。看看我们身边，绿雉也算是比较漂亮的鸟了。

蜂鸟、翠鸟、极乐鸟和绿雉有一个共同点，那就是闪闪发光的羽毛。**而且它们的羽毛会随着观察角度的变化呈现出不同的颜色。**

翠鸟还没那么明显，蜂鸟和绿雉的变化可谓是相当显著。绿雉的羽毛时而发绿，时而转青，时而变紫，颜色取决于角度。蜂鸟的金属光泽也时常由绿变紫。这是“结构色”特有的现象。**它们羽毛的色彩是在色素和微观结构的双重作用下产生的。**

鸟之美是色素与结构色的有机结合

羽毛若有使用电子显微镜才能观察到的层次和凹凸，光就会在其中发生散射。散射的光相互干涉，便产生了虹彩，这就是所谓的**“结构色”**。

为什么颜色会随着观察角度的变化而变化？因为每种波长都有对应的反射方向。角度一变，反射光的波长也会随之改变，肉眼看到的颜色自然就不一样了（颜色在本质上取决于光的波长）。

运用了这种结构色的鸟类其实很多。鲜明的蓝色羽毛几乎都是运用结构色的实例。鸟类的羽毛基本不含蓝色的色素（蛋壳的蓝色则是色素使然）。不过单靠结构色还不足以产生深蓝色，所以往往要和黑色素结合起来。再加点黄色的色素，便能调出绿色。

总而言之，鸟类的色彩有单靠色素的，也有“色素＋结构色”的组合。

黑色来源于黑色素。将黑色素薄薄铺开，便成了灰色。使用真黑色素等衍生物（在体内对原始物质稍作调整的产物），还能调出褐色来。

鲜艳的红色主要靠类胡萝卜素。这种色素无法在体内合成，要通过食物摄入。但摄入的类胡萝卜素更偏黄色，并非红色。火红色的鸟体内有特殊的酶，能将摄入的色素转化为鲜红色的类胡萝卜素（类胡萝卜素种类繁多，颜色从黄色到红色不等）。

有趣的是，有些动物东西没吃对，就搞不到合成色素的原料。好比火烈鸟的红色就来源于浮游生物，所以**光吃人工饲料会褪色**。于健康无碍，可就是养不出亮眼的颜色。

同理，人们有时也会给金鱼和金丝雀额外喂一些富含类胡萝卜素的补剂，美其名曰“上色”。其实脊椎动物基本上都无法在体内合成类胡萝卜素，所以黄色和红色全靠吃进肚里的微生物和昆虫产生。

蛇是生来就有毒吗？

“从食物中分离出某种成分加以提纯”是生物的惯用套路。**除了色素，通过进食摄入毒素的生物也不在少数。**鲀体内的“河鲀毒素”（tetrodotoxin）和箭毒蛙体内的“箭毒蛙碱”（batrachotoxin）都来源于它们平时吃的浮游生物和昆虫，身为脊椎动物的它们无法自行合成。

分布于日本的虎斑颈槽蛇也是如此。除了毒牙，这种蛇的脖子上还有特殊的毒腺，被称为“颈腺”（nuchal gland）。颈腺没有口子，但捕食者一旦攻击虎斑颈槽蛇的颈部，颈腺处的皮肤就会裂开，毒液飞溅而出，直击敌人的嘴和眼睛。这种毒是高纯度的“蟾毒素”（bufotoxin）。换言之，虎斑颈槽蛇通过捕食蟾蜍分离出其体内的毒素，储存在颈腺之中。

河鲀毒素、箭毒蛙碱、蟾毒素，这三个词在英语里都以“toxin”结尾，这个词根就是“毒素”的意思。河鲀毒素是“tetrodo/toxin”，不是“tetro/dotoxin”。

顺便一提，我上学时参与过研究蟾毒素的项目，因为研究室的导师专攻这个方向。当时他做了一项实验，旨在确认“没在成长过程中吃过蟾蜍的虎斑颈槽蛇能否生成毒液”。

实验方法是先饲养虎斑颈槽蛇，养到产卵，再人工孵化，只喂鳉鱼、金鱼等无毒的食物，培育出“破壳后从未吃过蟾蜍的虎斑颈槽蛇”。实验结果显示，在不吃蟾蜍的情况下，虎斑颈槽蛇确实无法在体内积蓄蟾毒素。导师出差的时候，打扫蛇笼、换水喂食的任务就落到了我的头上。

做实验需要严格控制进食量，所以每次喂食都要称重记录。蛇不肯吃的时候，还得强制喂食。食欲旺盛的小蛇还算省心，刚把鳉鱼放进去就会凑上来瞧一瞧，一眨眼的工夫就吃掉了，但总有几条不肯乖乖吃饭。

所以换水的时候，如果水里还有鳉鱼在游，我就得逮住小蛇，撬开它的嘴，用镊子把鱼硬塞进去，再轻轻一按喉咙，送鱼下肚。朝腹部用力捋是万万不行的，**得垂直轻按，让鳉鱼“刺溜”一下逃向蛇胃，这才是成功的诀窍**。

不过嘛，“怎么强行喂蛇”应该是读者朋友们这辈子都用不上的冷知识。

美丽生物的神奇习性

大西洋海神海蛞蝓的“吃以致用”则更加神奇。明明是海蛞蝓，长得却跟张开了鳍的鱼似的，通体幽蓝，如梦似幻。单论外观，还是非常赏心悦目的。

这种海蛞蝓在远洋四处漂流，会附着在僧帽水母等生物上，在移动的同时吃掉对方。光吃也就罢了，它们竟还把水母的刺丝囊（细胞内的细胞器，相当于水母的“毒针”）原封不动地纳入体内，作为武器配置在自己的体表。摸一下就会挨刺。

无论我们吃什么东西下肚，都得把食物先分解成分子，否则就无法通过消化管壁吸收。将其他动物的细胞器整个纳入体内简直是天方夜谭。哪有人能通过吃蔬菜吸收叶绿体，进而掌握光合作用的呢？

天知道大西洋海神海蛞蝓到底干了什么。

·

再看美丽的“形态”。

大家比较熟悉的例子有绿雉和铜长尾雉的长尾巴，华丽琴鸟和极乐鸟夸张的饰羽也属于这一范畴。“野雉深山里，尾垂与地连”[1]——正如和歌所描述的那样，雄性铜长尾雉的尾巴比身体还长，可达六十厘米。**拖着那么长的尾巴穿行于森林底部的杂草丛是几个意思？简直莫名其妙。**

不过在山间偶遇时，你就会发现铜长尾雉其实并不显眼。单看红铜色的闪亮羽毛和长长的尾羽，确实是惹眼得很，但在光线昏暗、枯叶遍地、树影斑驳的森林底部，这身羽毛便成了绝佳的迷彩服。距离若是够近，它们又能通过羽毛的光彩和尾巴的长度来展示自己，倒是将颜色用得恰到好处。

华丽琴鸟是世界上最大的雀形目鸟类，雄鸟的尾羽形似

1　柿本人麻吕所作和歌，收录于《小仓百人一首》。

竖琴，很是华丽。

极乐鸟就更离奇了，不知该从何说起。以古时常被用作印度尼西亚纪念品的大极乐鸟为例，**它们擅长做出一种莫名其妙的姿势：将侧羽演化而成的长长饰羽绕过翅膀后方，举到头顶**。十二线极乐鸟的尾羽间则有十二条铅丝状丝线。萨克森极乐鸟头上挂着长长的饰羽，随风飘扬。上网搜“××极乐鸟”，就能搜出不少视频来。极乐鸟的英语是“bird of paradise”，也就是天堂鸟。

当然，这些鸟绝不只是摆摆样子闹着玩（不过确实有些许“耍帅吸睛”的成分）。一切的一切，都是为了留下后代。

大极乐鸟的饰羽。这已经算低调的了……
它们会停在高高的枝头，展示其华丽的羽毛，想方设法赢得关注。

“美丽”的生物学意义？

艳丽的颜色和形态都是为了吸引雌性。众所周知，动物往往是雄性想方设法吸引雌性，以争取繁衍后代的机会。倒也不是非得让雄性拼命不可，只是雌性将要进行巨大的投资（产下卵或幼崽），所以才会尽可能为雌性减负吧。

好比白腹蓝鹟和黄眉姬鹟都是雄鸟长得美艳动人，雌鸟却其貌不扬，灰头土脸。要是连雌鸟都长得花枝招展，产卵育雏可就太危险了。**对雄鸟而言，为自己产卵的雌鸟就是最要紧的，不需要她们冒着风险夺人眼球。**雌鸟则会品评那些奋力炫耀羽毛的雄鸟，尽可能选择色泽鲜亮的繁殖后代。

美丽的色泽是向雌性展示自身优越性的武器。合成色素需要营养和能量，所以吃饱喝足是艳丽色彩的先决条件。如果色素是通过食物摄取的，那就更不用说了。而且动人的羽毛也离不开平时的悉心打理。

换句话说，羽毛艳丽的雄鸟恰似平安时代的美女，是在以自己的身姿向雌鸟宣传：“瞧，我的营养状况这么好，羽毛打理得也可仔细了！选我包赚不赔哦！”身份高贵的人爱穿长到拖地或很不耐脏的衣服。从某种角度看，说不定这也是在暗示“我与劳动无缘”。

但这套理论并不适用于蜂鸟，因为它们的色彩没有明显的性别差异。倒也不是所有的蜂鸟都闪亮夺目，可艳丽的色彩如果只为“吸引异性”服务，“两性同样艳丽”就说不通了。

当然，演化不等于“优化”，生物也不一定会发展成理论上最优的形态，所以“雌性本不需要太艳丽，但两性无法在基因层面完全分离，所以受雄性的影响，雌性也一起变得艳丽了”也不无可能。只是考虑到许多走艳丽路线的鸟都是雌性的长相比较低调，蜂鸟的情况就有点奇怪了。

热带色彩丰富，艳丽的羽毛在这样的环境下能发挥出保护色的作用！——这思路也有点牵强。哪有热带国家的军队拿夏威夷衬衫当迷彩服的啊？

最新研究结果显示，**吉丁虫的金属光泽竟有助于降低被捕食的风险**。因为它们的颜色会随着观察的角度不断变化，靠色彩识别目标的动物会误以为目标不止一个。

会捕食吉丁虫，且对颜色敏感的动物不外乎蜥蜴和鸟。专吃蜂鸟的捕食者怕是不多，不过蜂鸟的金属光泽兴许也会让捕食者难以瞄准。

云斑车蝗和河原蝗[1]也将“以艳丽的颜色防御外敌”这招用得出神入化。这两种都是形似飞蝗的大型蝗虫，它们会在逃跑时高高跃起，同时张开翅膀飞行。

话说它们一张开后翅，就会露出平时看不见的黄黑或蓝黑斑纹，在飞行时格外惹眼，**直教人纳闷“逃亡时搞得这么惹眼干什么”？其实它们的目的就是用这种惹眼的特征牢牢勾住敌人的视线。**

着陆并收起翅膀后，敌人用作标记的花哨斑纹便会在一瞬间消失不见。如此一来，它们就能变回和周围环境高度融

---

1 日本固有种，日语为“カワラバッタ”，“カワラ”意为“河床”。

合的颜色，找个地方躲起来。在这种状态下，要找到它们简直难于登天。**从这个角度看，它们像极了用花哨的动作吸引观众的注意力，趁机做小动作的魔术师。**

虫如其名，河原蝗就生活在光秃秃的河床上。没有光泽的灰褐色身子与沙砾融为一体，随随便便趴在空地上都难以辨认。在收起翅膀的刹那消失不见的本领和幻术大师有一拼，无论看几遍都教人啧啧称奇。

火鸡与失控的性选择

形态美丽，或者说“奇特”的鸟类不胜枚举。叉扇尾蜂鸟的尾巴只在长长的羽干末端留下了形似球拍的圆盘，旗翅夜鹰则是翅膀顶端拖着两片旗帜似的飞羽（翅膀外缘的硬羽毛，飞行必需）。在生长过程中保留羽毛的顶端，脱落羽支（相当于构成羽毛平面部分的零件），只留下羽干，才能实现这般奇形怪状的羽毛。无论从哪个角度看，这种羽毛都有碍飞行。大极乐鸟的饰羽在飞行时也只能贡献空气阻力。

奇特的又岂止羽毛。

黑腹军舰鸟的脖子上长着巨大的红色囊袋，可以像气球那样鼓起来。家鸡的鸡冠和挂在喉咙处的红色肉垂也是相当奇怪的结构。火鸡在这方面更是登峰造极，几乎发展到了“看着恶心”的地步。脖子以上不长毛，皮肤裸露在外，喉咙呈火红色，脸则是蓝色的，还有肉垂从额头耷拉下来，乍看跟大象的鼻子似的。**这……好看吗？**

火鸡的肉垂越长，异性缘就越好。
看着怪碍事的，其实伸缩自如！

不过，对这种装饰性元素的追求是很容易“失控”的，**演化生物学领域的“费希尔失控”（Fisherian runaway）[1]研究的就是这个问题。**

以火鸡的肉垂为例：也许肉垂起初很小，但雌性开始以此为择偶标准后，有肉垂的后代就会逐渐增加。等大家都有了肉垂，跟之前差不多大的肉垂就无法同其他个体拉开差距了。于是拥有较长肉垂的个体就会被选中。不断重复这个过程，肉垂便会越来越长。这就是“失控”。

当然，要是肉垂长到了有碍生存的地步，个体又会在繁

1　提出者罗纳德·艾尔默·费希尔（Ronald Aylmer Fisher）是英国统计学家、演化生物学家和遗传学家，现代统计学和现代演化论的奠基者之一。

殖前死亡，所以功能上的限制会起到一定的制约作用，但演化的大方向应该还是“变长”。

这种现象背后的逻辑和“观众与电视台之间的关系”有着异曲同工之妙。如果某档节目很受观众的欢迎，电视台就会迎合观众追求刺激的心理，越做越极端，直到触及制作经费的上限或引得“播放伦理·节目质量提高机构”（BPO）出手整改。

观众的口味说变就变，雌性动物的偏好也是如此。

比如，雄孔雀独有的长尾巴（准确地说是尾羽和覆羽的集合体）显然是为了吸引雌性演化出来的，但一项研究表明，在伊豆仙人掌动物公园，长尾巴对雌孔雀已经没什么吸引力了——

长谷川寿一（东京大学）率领的研究小组长年跟踪调查伊豆仙人掌动物公园饲养繁殖的孔雀的“异性缘”（看起来怪不正经的，但这其实是一项非常重要且严谨的性选择实证研究），探寻尾巴的长度、眼斑的数量和对称性等因素与繁殖成功率之间的关系。可出乎意料的是，这些因素和雄性的吸引力并没有太大的相关性。

经过不懈努力，研究小组得出了一个意想不到的结论：和雄孔雀的繁殖成功率高度相关的因素竟然是叫声。**唱功好的雄性更受欢迎——多么简单明快却令人惊讶的结果啊！**

当然，这项结果并不意味着“孔雀的尾巴跟雄性的异性缘没有一丁点儿关系”，更不意味着“进化论是一派胡言”。因为有外国的研究表明，对称性、眼斑的数量等因素对繁殖成功率是有影响的。对雄孔雀而言，“拥有一条艳丽的尾巴”曾关系重大。

但在伊豆仙人掌动物公园，雌孔雀似乎调整了选择雄性的标准，更侧重“歌喉好”这一点了。**也许更准确的说法是，“尾巴漂亮那是理所当然的，还得会唱歌才入得了本姑娘的眼”。**

栖息于澳大利亚，因华丽的尾羽闻名于世的华丽琴鸟恐怕也是被雌性的过分要求牵着鼻子走的典型。除了华美的外观装饰，雄性华丽琴鸟还有一项不得了的绝活：模仿各种响声。

相传某伐木场的工头发现了一桩怪事：木材的出货量突然变少了，可森林深处传来的伐木声一如往常，不绝于耳。工头觉得不对劲，悄悄走进林子里一看，只见伐木工们把家伙撂在一边，睡得正香，而一只华丽琴鸟正在场地里模仿伐木的响声——

我可不保证故事的真实性。华丽琴鸟的模仿能力是很强，但没人知道野生的华丽琴鸟能否把人工作业的响声模仿得那般惟妙惟肖，甚至能骗过工头（故事里都没说伐木工用的是斧头还是电锯）。**不过华丽琴鸟确实是模仿高手，真干出这种事也不足为奇。**

一位熟人告诉我，他用单反相机给圈养的华丽琴鸟拍照时，人家分分钟就学会了快门和马达驱动器的响声，叫起来跟相机一模一样。

学界普遍认为演化出这种模仿能力是为了增加雄鸟歌声

的吸引力。“扩充曲库”和“在一首歌里混入对多种响声的模仿以提升复杂度”还不太一样，但究其本质都是为了加强“唱功”。光有惹眼的装饰还不够，叠加高超的模仿能力才能生存下来，华丽琴鸟的生存环境未免也太恶劣了些。

多才多艺也得有个限度啊。

“丑小鸭”真的丑吗？

《丑小鸭》是家喻户晓的童话故事。故事的主角是一只因为丑陋受尽欺辱的“小鸭子”。最后，丑小鸭换上成鸟的羽毛，变成了雪白的天鹅。

作者想表达的观点还是可以理解的，小天鹅也确实是灰突突的，不像爹妈那样浑身雪白。可鸭子最多只有五千克重，天鹅则不止十千克。欧洲常见的疣鼻天鹅足有十几千克重，全长一米五左右。撇开美丑不谈，人家还是蛋的时候就该看出不是鸭子了吧！

再说了，管它是鸭子还是天鹅呢，雏鸟都可爱得很。

小鸭子长着蓬松的绒毛，整体呈奶黄色，圆溜溜的小眼睛别提有多水灵了。小天鹅也是如此，只不过人家是白色的，但背部到翅膀这块稍带点灰，略暗淡了一些，但用“丑陋”来形容未免也太过分了吧？

雀类和鸦类的雏鸟倒是真有“尴尬期”。在宫泽贤治的童话《贝之火》中，主角小兔子救助了溺水的小云雀。作者对后者的描述是“脸上布满皱纹，鸟喙大大的，看着有点像蜥蜴”，很是精准（照理说这个日龄[1]的雏鸟应该在窝里待着，天知道它怎么会掉进河里）。

小鸡小鸭是带着羽毛破壳的，不一会儿就能走路了，但许多鸟类的雏鸟破壳的时候还是光秃秃的，眼睛都没睁开，而且面相酷似爬行动物，鸟喙和肚子特别大，仿佛地狱中的饿鬼，跟“可爱”二字毫不沾边。雏鸟从这种状态起步，在巢中迅速成长，待到羽毛长齐，能勉强飞起来了，便会从巢里出来。这个阶段的宝宝们毛茸茸的，是人类眼里的“小可爱”。

毕竟人类和鸟类的成长模式与育儿方式多有不同，会产生这样的差异也在所难免。人类之所以觉得小朋友或迪士尼的卡通形象可爱，是因为认知本身存在偏倚，而这种偏倚会让我们一看到孩童就觉得可爱（并努力照顾他们）。

即便如此，初生婴儿的模样大概也很难说是可爱，但人只要听到了婴儿的哭声，就会用心照料。我们有时会觉得婴儿特别吵，这是因为婴儿的声音有着很难让人忽略的频率。毕竟对婴儿来说，“哭声被忽略”意味着“有生命危险”，所以人类的声音和听觉才演化成了“大人无论如何都会立刻注意到婴儿哭声”的结果。

雏鸟破壳后也会张开喙和嘴，逐渐发出“啾啾”的叫声（起初几乎不出声）。正是这些刺激触发了亲鸟的喂食行为。

这是高度固定且无法改变的行为之一，学界称之为“对钥匙刺激的反应”。一如钥匙与锁孔，特定的刺激和特定的

1 即从出生起经过的天数。

行为之间存在一对一的对应关系，一旦给予刺激，就会自动采取对应的行为。

如此看来，动物的美似乎与人类认知体系中的“美”或艺术的自由相去甚远。但实际上存在多大的不同，仍是个未解之谜。

园丁鸟的美学追求

动物懂不懂审美？这个问题尚无定论，但对园丁鸟（它们会为了吸引雌鸟建设花园和求偶亭）的研究显示，它们对美有着神奇的追求，怕是不能用“固定行为”来概括。

园丁鸟主要分布于澳大利亚，以雄鸟建造不同于鸟巢的“求偶亭”吸引雌鸟著称。求偶亭起初似乎是作为雄鸟炫耀舞技的舞台逐渐发展起来的，但有些园丁鸟不仅会建造平整的舞台，还会做一条两侧有墙的通道，甚至搭个小棚屋出来。

也有研究结果显示，“建筑”结构的精细程度和求偶舞蹈的复杂程度成反比，**看来是有些雄性中途放弃了跳舞，埋头搞起了 DIY（还借此讨到了雌性的欢心）**。

园丁鸟对美很是讲究，著名的缎蓝园丁鸟会找各种蓝色的东西铺满“花园”。在生物学层面，这也许能作为衡量雄鸟能力的指标。因为在自然界中，蓝色的东西并不常见。蓝色的花与贝壳倒也不是没有，但要实现“蓝色满园”的效果，就得付出巨大的劳力。

换言之，打造这样的“花园”就等于是在自我宣传：“我有能力收集这么多稀罕玩意，求生能力也强，不然哪来的闲工夫呢？”《竹取物语》[1]里的辉夜姬不也是对求婚者百般刁难，一会儿要“火鼠裘”，一会儿要“燕之子安贝”吗？道理是一样的。**连“为求爱不惜耍赖”这一点也和《竹取物语》不谋而合——园丁鸟有时会从其他个体的“花园”窃取好看的装饰品。**

园丁鸟的“审美观”也是因鸟而异。缎蓝园丁鸟倾向于追求整齐划一的蓝，但也有一些种更侧重个体的自由发挥。同属园丁鸟科的大亭鸟的部分个体会用白色的东西铺满“花园”，然后以“一点红”点缀。不仅如此，它们还会用透视法。褐色园丁鸟也会建造求偶亭，并在此基础上收集各色鲜花和石头，按颜色分区摆放，这一块都放红的，那一块专门放黑的，如此这般。

讲究到这个地步，直教人怀疑园丁鸟是不是有什么独特的审美观，也不知真相到底如何。

“恶心萌”的逆袭

细细琢磨起来，“恶心萌”这词着实有些残忍。他们守着小丑的定位，用一句“总比被扣上恶心的帽子强”自我安

---

1 日本最早的物语作品。故事讲述了从竹子中诞生的辉夜姬被多位贵族求婚，但是没有人能带回辉夜姬想要的宝物，因此都求婚失败，皇帝的求娶也被她坚定拒绝。最后，月亮上来人要接走辉夜姬，她只能万分不舍地离开了抚养她长大的老翁与老妇。

慰，却永远都无法升级成不带前缀的“萌”。要是有朝一日，恶心萌站上了偶像团体的C位，我就收回这番话。嗯，应该是等不到这一天了。

不过嘛，这个词想表达的意思还是可以理解的，毕竟**世上确实有“外表不完美，但很讨人喜欢”的生物**。雀鱼就是个中典型，其外形酷似《悬崖上的金鱼姬》[1]里的波妞和《勇者斗恶龙》[2]里的史莱姆。狮子鱼属和短吻狮子鱼属的鱼类则是“恶心”的成分略多一些，却仍有讨喜的魅力。

也不知该如何从生物学的角度解释被“恶心萌”吸引的心理，不过超越了“恶心萌”的范畴，“恶心”得彻头彻尾的生物也是种类繁多，盲鳗的觅食场景就堪称一绝。别的我就不一一列举了，免得吓跑读者。

但是请允许我借此机会，为一些被打上“恶心”标签的生物辩解一二。

以鮟鱇为例：鮟鱇可炖可炸，鱼肝更是肥嫩，但长得实在不算美。说得再直接点，便是丑到没朋友。

但鮟鱇的形态非常合理。首先，它的身体比较扁平，适合趴在海底藏身。朴素的颜色也是为了融入沙地，以免被猎物察觉。眼睛朝上，就不会错过从它上方经过的猎物。有巨大的嘴、锋利的牙齿和宽大的胃袋，才能将猎物吞入腹中，而不错失良机。**将上述合理的元素组合在一起，便成了鮟鱇**

1 又名《崖上的波妞》，由宫崎骏执导、吉卜力工作室制作的动画电影，2008年在日本上映。

2 日本知名角色扮演电子游戏，系列第一作发行于1986年。

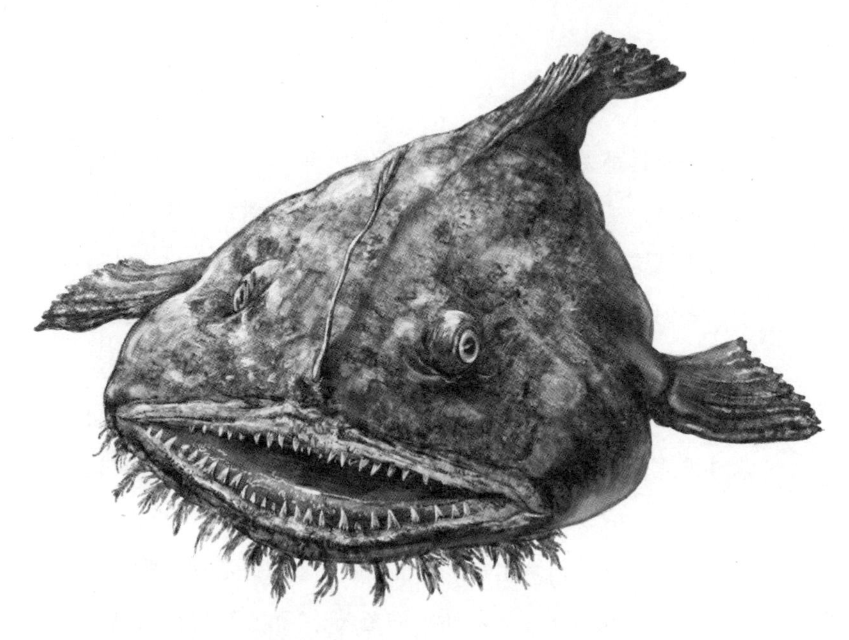

瞧瞧鮟鱇的功能美，简直无懈可击！
头上伸出来的那根器官是用来吸引猎物的

的模样。

鮟鱇不必在美貌上投资，因为它们择偶不看外表。**生存才是生物的第一要务。**再说了，要是按它们的标准去评判美丑，那肯定是“帅哥就得有大嘴”“挺着大肚子的才是美女”。

软隐棘杜父鱼也是一种深海鱼，长得比鮟鱇还夸张，素有“全球最丑”的威名。看照片吧……怎么说呢，简直是“教科书般的人面鱼”。除了松松垮垮的肉色皮肤和小鬼 Q 太郎[1]似的嘴唇，它还长着茶水博士[2]的鼻子。

1　藤子 · F · 不二雄笔下的漫画角色，嘴唇很厚的白色小鬼。

2　手冢治虫创作的漫画作品《铁臂阿童木》中的角色，长得像压扁的爱因斯坦，有着巨大的圆鼻子。

不过在水下拍摄的画面里，软隐棘杜父鱼还是很有“鱼样”的。这种鱼身上几乎没有肌肉，却含有大量的胶质，所以只能在水中保持形态，一旦被渔网捞起来，就变成了软绵绵的一摊。

怎么会长成这样？因为胶质的比重略小于水，哪怕一动不动，身体也会略略漂浮在海底之上。换言之，软隐棘杜父鱼是在尽可能不用肌肉的前提下漂浮在海底附近，从而最大限度地降低能耗。这种鱼虽然丑了些，但还是很有人气的，甚至有商家推出了以它为原型的毛绒玩具。

说起长得恶心的鸟，大家肯定会立刻想起“秃头大军”，好比秃鹫和秃鹳。鸟类的美丽与可爱在很大程度上取决于包裹全身的羽毛。要是没了羽毛，看着就跟鸡架子似的，颇有些骨瘦如柴之感，**所以“秃头鸟”的颜值往往都不高**。防杠申明：头顶稀疏的人可别对号入座哦（我自己也快到那个年纪了）。

秃头鸟们有一个共同点：以大型动物的尸体为食。

要吃比自己大的尸体的器官和肉，就不可避免地要把头伸进尸体内部。羽毛要是沾满了血，又被热带的阳光烤干，那可就麻烦了，不是三两下就能洗干净的。沾有血肉的羽毛是细菌滋生的温床，而且不远处就是眼睛、嘴巴等容易成为感染入口的部位。

有个例子足以说明这种感染的可怕：据说直到 19 世纪中期，外科医生都没有消毒双手和工具的习惯，动不动就穿着挂满血块的围裙做手术，别提有多吓人了。

甚至有统计数据显示，外科医生经手的产妇和助产士经手的产妇在产褥热（产后感染的统称）的死亡率上相去甚远，前者竟高出了十倍之多。因为外科医生会接触到各种各样的病原体，要是不好好洗手杀菌，自己就成了感染源。

因此学界认为，秃鹫和秃鹳干脆褪去了头部的羽毛，以便保持清洁。**如果它们也是毛茸茸的，长得美丽动人，怕是分分钟就没命了（而且在一命呜呼之前，它们还会被血搞得满头湿答答）。**

蛇也是常与“恶心”联系在一起的生物，更是万千大众畏惧的对象。讨厌蛇的人不在少数，而猴子也对蛇深恶痛绝。有趣的是，连刚出生的小猴子都会在看到蛇或形似蛇的细长物体时陷入恐慌。换言之，这种恐惧并不是后天通过观察成年猴子“掌握”的，而是与生俱来的倾向。

猴子是少数可以生活在树上的脊椎动物之一。能上树顶的脊椎动物并不多，也就松鼠、猿猴和鸟类等，而且以小动物居多。其中相对较大的捕食者便是蛇。也就是说，无论猴子逃到哪里，蛇都有可能逼近。有人便提出了一种假设：猴子发展出了对蛇的先天恐惧，并传承给了人类。

可即便事实就是如此，我还是觉得人类在这个问题上存在较大的个体差异。我就很喜欢蛇，小时候也一点都不怕蛇。真发现了蛇，我还会追着它跑，抓住它细细打量。所以我不太赞同“人从猴子演化而来，所以理所当然地讨厌蛇”这个观点。

后来，老家周围的蛇越来越少，越发难得一见了。还记得有一次，我在山路上突然撞见了一条蛇，条件反射般地吓

了一大跳。那时的我和儿时最大的区别也许是“看到蛇的频率”。如此看来，也许人是真的有某种避蛇的本能，只不过能通过经验加以控制罢了。

但蛇是无辜的。“栖息在日本的蛇生吞大活人”这种事可是闻所未闻。在日本人心中，蛇并不是捕食者。**话都说到这份儿上了，你要还觉得蛇很恶心，那我也没辙，但至少不用讨厌它们吧。**

其实所谓的“恶心”生物都能对人类爆吼一句：**“你管得着吗！”**

负子蟾会将卵嵌入背部的肥厚皮肤，悉心呵护，普通人看着都觉得恶心，密恐人士就更不用说了（也许会有读者好奇负子蟾究竟长啥样，想要上网搜图。友情提醒，密恐慎入）。不过对两栖动物而言，要想守住尽可能多的卵，把卵嵌在背上带着走倒也不是个坏主意。法子确实不寻常，但很是合理。

话虽如此，“恶心”大概是一种反射性的生理反应，在理性层面分析得再透彻，还是照样恶心。所以尽量不看让自己觉得恶心的东西并没有错。

然而，“不让恶心的东西出现在视野中”和“赶尽杀绝”是两回事。我不喜欢纳豆，却从没有过要消灭纳豆的念头。只要不进我的嘴，怎么样都行。

我们也应该用这种态度去看待那些长得恶心或丑陋的生物。对美丑的观感与生物的功能有关，存在一定的标准也是在所难免。不过**一味排斥偏离这套标准的生物就不好了。告诉自己“这就是它们的生活方式”，也不失为缓解恶心的好方法。**

3

“干净”vs“肮脏”

蝴蝶恋花也恋屎

蟑螂其实不算脏

干净还是肮脏？这是一个相当复杂的问题。细究起来，日语中的“消毒”一词本就有些奇怪。在大多数情况下，这个词其实是“杀菌”或“除菌”的意思。因为人们只是杀灭了细菌、病毒等病原体，却没有消除“毒”物。例如，霉菌的负面影响来源于它们产生的毒素，而非霉菌本身，无论我们怎么杀菌灭菌，都无法消除“毒性”。

看到这里，也许会有读者说：有什么关系嘛，别咬文嚼字了！**可我总觉得“消毒”这个词会给人一种脱离现实且虚假的洁净感。**言外之意是，“反正都消过毒了，有毒的东西都没了，可以放一百个心，至于什么东西有毒，消完毒以后怎么样了，那我就管不着了”。

之所以对“消毒”一词大加批判，是因为我常会不由得琢磨：人们对“干净”和“肮脏”的认知是不是走偏了？

有个专业术语叫“卫生害虫”（sanitary pest）。顾名思义，它指的是会造成卫生问题的害虫，也就是携带病原体的害虫。

蜱螨和蚊子不仅会咬得人直痒痒，还会传播细菌和病毒。蜱会引起发热伴血小板减少综合征（俗称蜱虫病），蚊子传播的疾病就更多了，包括流行性乙型脑炎、疟疾、登革热、寨卡病毒病等。据说蚊子是全球（间接）致人死亡最多的动物。老鼠虽然不算害“虫”，却也携带多种病原体，好比鼠疫杆菌和汉坦病毒。

然后就是家家户户的厨房都有，时而在垃圾上遛弯，时而漫步于食物之上的小强……蟑螂。

可要是问起“蟑螂传播的疾病”，一时半刻还真答不上来。当然，附着在蟑螂身上的病原体有可能在种种因素的作用下传播开来，却鲜有病原体是以蟑螂为主要宿主，专靠蟑螂传播的。

而且，**近年的研究结果显示，蟑螂有非常强大的抗体，身体的抗菌性能极佳。**当然啦，它们经常出没的地方实在不算干净，不是排水沟，就是厕所和垃圾桶，也没有厉害到能杀光身体表面所有的病原体的地步，但总体来说，它们远没有人们所想的那般肮脏。

蟑螂的体表肯定有病菌，可人也好不到哪儿去啊！真要讲究这个，谁还敢跟人握手呢。人手会接触到各种各样的东西，站在医学的角度看也绝对称不上“干净”。其实我们人类也是天天都在跟细菌打交道。除菌用品的广告动不动就嚷嚷:“天哪，怎么这儿也有细菌！”瞧这话说的，您的手上、脸上和消化系统里不也有大量的细菌嘛。

而且有时候吧，紧随其后的广告就是“让乳酸菌以鲜活的状态抵达肠道，调节菌群平衡”。各位就不觉得自相矛盾吗？

处处是细菌

肠道菌群是各种肠道微生物的总集合。其中不乏有益的细菌，还有些不产生直接作用，却有助于稳定肠道“生态系统”。万一不小心打破了平衡，有害菌就有可能大肆增殖。要是来一场大除菌，那可就……人类倒也罢了，牛科动物和兔子全靠肠道中的共生细菌分解食物，离了它们就会立刻一命呜呼。

除了细菌，动物的表皮上还有各种微生物，比如蠕形螨。不过它们非常小，肉眼是看不见的。

蠕形螨寄生于皮脂腺，基本上一辈子都生活在宿主的身上。刚出生的孩子是没有的，但它们会在亲子接触的过程中转移到孩子身上。它们通过这种方式附着在一种动物的身体上，代代繁衍，便逐渐演化出了与宿主高度契合的形态。据说几乎每一种哺乳动物都有对应的蠕形螨，甚至有多种蠕形螨在同一种哺乳动物的体表上和平共处的情况。

“几乎每一种哺乳动物都有对应的蠕形螨”，这意味着人类也不例外。你我身上肯定都有螨虫。所幸它们只要不大量增殖，就不至于危害人体，大可撂着不管（尽管目前人们还不清楚是螨虫的增加导致了病状，还是皮肤病变导致了螨虫增殖）。

总而言之，**任我们如何挣扎，人体内外都有大量的细菌和螨虫**。天王巨星也好，开握手会的偶像和歌舞团的首席也罢，哪怕是你的毕生挚爱，在这方面都是半斤八两，哎嘿嘿嘿。

话虽如此，我却并不是在告诫大家“跟人握手以后要立刻除菌”。人类与细菌相伴已久，与其拼命杀菌，成天提心吊胆，不如顺其自然，告诉自己“反正它们也不会做什么坏事，随它去呗”。要是真有危险的病原体在四处传播，那确实得多加小心，可罔顾事实，打着灯笼找脏东西又有什么意义呢？

蝴蝶其实不干净

“干净”和“肮脏”之间的界限其实非常模糊。纳豆和“馊了的豆子”不也很难区分嘛。

腐烂和发酵都是细菌造成的现象，**而两者的分水岭就是“对人类是有害还是有益”这一点**。从这个角度看，纳豆是发酵食品，不算“腐烂”。日本人吃惯了纳豆，也不会误以为那是馊豆子。

可不知道纳豆为何物的人将其归入“腐烂”的范畴，那也无可厚非。不少日本人也是一闻到虾酱（泰国的糊状调料，由盐渍小虾发酵而成）的气味就直摇头。虾酱闻着就跟烈日下即将腐坏的磷虾差不多，爱好海钓的朋友一听就懂。其实日本的食品也有气味比较冲的，好比臭鱼干和鲋寿司[1]，有人爱到不行，有人却是一下都闻不得（说句实在话，受不了的才是大多数）。

简而言之，蛋白质分解的气味介于“有好多好多美味的氨基酸哦！”和“这东西馊了，产生了有害物质！”之间，很是微妙。

蝴蝶在这方面造诣颇深。夏天穿过林间小路时，常有眼蝶和蛱蝶翩翩而来，落在人身上。在树荫下与蝴蝶玩耍嬉戏确实有趣，可惜它们并不是在欢迎你。**呃，说“欢迎”倒也没错，只不过蝴蝶的动机是你闻起来很“美味”。**

蝴蝶以花蜜为食，但也需要摄入矿物质，有些种类也会将目光投向富含氨基酸的食物，好比动物的排泄物与尸骸。它们会像吸食花蜜那样伸出口器，自其表面摄取营养。地球上有许多食粪、食尸的蝴蝶，蛋白质分解的气味也能吸引它们。乳酸等代谢废物的气味在它们看来也是魅力无穷，所以炎炎夏日里大汗淋漓的人体对蝴蝶而言很是“美味可口”。

因此，**停在你肩头的斐豹蛱蝶八成是一边嘬着你的 T 恤衫，一边在心里嘀咕：“唔……闻着不错，可尝起来一般般嘛。”**（为稳妥起见，容我多解释一句：食蜜的蝴蝶也会被洗发水和芳香剂的香味引来，所以被蝴蝶追着跑不等于你身上有汗臭味。）

1　鲋鱼腌渍发酵而成，带有强烈异味。

乌鸦天天都洗澡

乌鸦等鸟类也躲不过“干净”和“肮脏”的二分法。

乌鸦经常翻垃圾，难免要把喙伸进垃圾袋里，而垃圾当然会滋生腐败菌等各类细菌。**所以乌鸦嘴上沾满了脏东西，还到处传播病菌！**

此言差矣。**因为乌鸦超级爱干净。**再说了，正如在探讨秃鹫时解释过的那样，如果乌鸦长时间处于浑身都是腐败菌和腐肉的状态，怕是早就小命不保了。

乌鸦在进食后做的第一件事就是擦拭鸟喙。它们会利用自己落脚的电线或树枝，擦上一遍又一遍，那叫一个不厌其烦，一丝不苟。这算是应急的初步清洁。

下一步是水洗。“乌鸦行水”在日语里是“洗澡很快，随便沾沾水就出来了”的意思，殊不知乌鸦每天至少要洗一次澡。跟踪观察乌鸦一整天，你甚至会发现有些个体一天要洗三次澡，早、中、晚各一次。**要我说啊，它们比人还干净呢。**

鸟类洗澡可能是为了清洁羽毛，也可能是为了清除寄生虫，或者是想用水打湿羽毛，使其方便梳理。但种种迹象表明，乌鸦洗澡的一大目的是保持喙的清洁，因为它们洗澡时总是从喙部洗起。

乌鸦靠近水塘后，会先把脸埋进水里，左右摇晃，冲洗喙和面部。要是冲一次还不过瘾，就反复冲上两三次。然后用翅膀缓缓撩起一些水，打湿全身。**一上来就如此卖力地洗喙，足以体现出乌鸦对保持喙部清洁是多么上心。**我可没见

没想到吧，其实乌鸦可爱干净了。
懂得靠“乌鸦行水”保持清洁！

过别的鸟这么洗澡。

哦，倒也不是完全没有。我还真见过一只这么洗澡的巨嘴鸟。

巨嘴鸟是原产于中南美洲的中型鸟类，和鸽子一般大，但外形极具辨识度。看名字就知道，它们的喙特别长，占了体长的三分之一。不仅长，还跟头一样高。厚度倒是一般，但从侧面看像极了接在头上的半根香蕉。

巨嘴鸟科的鸟都长着硕大且色彩鲜艳的喙。配色以红、黄、白为主，与面部的连接处还有酷似橡胶垫圈的黑色部分，仿佛能把鸟喙整个拆下来，再换个别的装上。

各种各样的鸟喙颜色许是为了方便识别物种，旨在告诉对方：“我是厚嘴巨嘴鸟！”“我是鞭笞巨嘴鸟！”和飞机上的国籍标志有着异曲同工之妙。

我没见过野生巨嘴鸟，但在神户花鸟园（神户动物王国的前身）近距离观察过。那座动物园将巨嘴鸟放养在巨大的飞行笼[1]里，游客可以购买饲料亲自投喂。其中有一只特别亲人，一直蹲守在饲料盒（投入一百日元后开盖自取）跟前。一有人路过，它就盯着人家看。

我便抛了些吃的给它。只见它灵活运用长达十几厘米的大喙，轻轻松松接了下来，然后将食物轻轻抛起，同时抬起头来，让食物落入口中，随即又看向了我，那表情仿佛在说："能不能再给点呀？"

嬉戏片刻后，巨嘴鸟走去水池边。我心想：它是要喝水吗？谁知它竟跟乌鸦似的，仔细地用喙摩擦水池的边缘，做起了清洁工作。

擦完后，它把喙插进水里冲了冲，然后抬起来再擦两下，又插回水中，还抬起一只脚挠啊挠，重点挠喙和面部羽毛的交界处，足足挠了五分钟。**作为用于保养鸟喙的时间，这个时长还是相当可观的。**泡个杯面都绰绰有余，搞不好半杯都吃下肚了。

接着，巨嘴鸟俯下身来，拍打翅膀溅起水花。可才洗了短短几秒，它就甩干了翅膀上的水，用喙捋了几下，抬脚挠了挠头——巨嘴鸟的洗澡和梳毛环节就这么结束了。**全程不足一分钟，无论从哪个角度看都敷衍极了。**

1　空间足够大的鸟笼，可以让鸟在里面自由飞翔。

“我是厚嘴巨嘴鸟。喙的清洁工作可马虎不得。
那家伙会不会再扔点吃的过来呀？”

乌鸦洗个澡都要一分多钟，之后还要花好几分钟梳理羽毛。中场休息一下，前前后后花上十分钟都是有可能的。相较之下，巨嘴鸟的清洁工作也太过偏重喙了。呃，只见过一回就下定论好像也不妥……

走钢丝的寄生虫

话说鸟的身上是有寄生虫的。**先别急着嚷嚷。其实大多**

数寄生虫是针对宿主演化的，不能寄生在其他生物上。当然啦，寄生虫偶尔也会搞错对象，害惨宿主，但这是极少数的特例。

鸟类身上的常见寄生虫有羽螨、鸟虱、虱蝇等。羽螨紧紧附着在鸟类的羽毛上，不会轻易脱离。但它们似乎并不吸食鸟的血液，而是以代谢废物和其他螨虫为食。**细究起来，也许它们对鸟类是利大于弊。**它们的身体能完美嵌入鸟类羽支间的沟槽，足以表明它们演化成了与宿主最契合的模样。

虱蝇倒是吸血的，但它们非常小，似乎不至于对宿主造成太大的负担。顾名思义，虱蝇属于蝇类，但它们的翅膀已经退化了，因为它们的整个生命周期都在鸟的体表完成。虱蝇和蠕形螨一样，根据其宿主日渐分化，如今应该也是每种鸟都有对应的虱蝇。之所以说"应该"，是因为这方面的研究还不够深入。

有一次，我和搭档在冲绳开展调查的时候发现了一只死去的优雅角鸮。把尸体装进塑料袋后，才看见有虱蝇在里头跳来跳去。于是我们特意在袋子上写了几个大字——"注意！内有虱蝇！"，然后才把它寄去了研究机构。因为鸟本身是很宝贵的标本，而袋子里的虱蝇搞不好比鸟还稀罕。

寄生虫的生活方式仿佛是在走钢丝，每一步都错不得。它们有完美契合宿主的性状，可一旦找错宿主便是死路一条。无论如何都得找到特定的宿主，不然就是万劫不复。

以奇妙至极的铁线虫为例：铁线虫属于线形动物，但身体硬得出奇，简直是“有生命的铁丝”。它们不像寻常蠕虫能灵活扭动，而是跟铁丝似的一弯一折。体长约三十厘米。

话说铁线虫的最终宿主是螳螂。它们能以某种方式干扰螳螂的神经系统，操纵宿主前往水边的刺激源。至于刺激具体是水的气味还是水面的反射，还不得而知。螳螂一旦接触到水或落入水中，铁线虫便会破腹而出。

铁线虫的动作似乎相当快。有一次，我学弟把抓到的螳螂装进塑料袋里，放在长椅上，然后打开背包，再转头一看，袋子里竟多了一条铁线虫。它只可能是在那短短数秒之间钻出来的。

离开宿主的身体，便是铁线虫最后的高光时刻。它会在水中产卵，结束自己的一生。

在水中孵化的幼虫会寄生在蜉蝣稚虫等水生昆虫上，在其体内逐渐成长。

问：接下来要如何从水生昆虫转移到螳螂身上？

答：等待水生昆虫被螳螂吃掉的那一刻。

“最开始能否寄生在水生昆虫身上”就已经是在走钢丝了，而且不被螳螂吃掉，后面的事情一律免谈，这难度也太高了。被鱼类、鸟类、蜘蛛或蝙蝠吃掉都不行。唯有被螳螂吃掉的幸运儿（？）才有机会长大。当然，没人能保证吃下铁线虫的螳螂能平平安安活到最后。万一它被猫吃了，或是被汽车碾死了，那可就完蛋了。

看来寄生虫的日子也不好过啊。

轻松的活法本就是个伪命题。

话说乌鸦很爱吃螳螂——尤其是秋天为产卵养足了膘的螳螂。铁线虫在乌鸦捕食螳螂时钻出来也是常有的事。遇到这种情况时，乌鸦会用脚踩住铁线虫，先把螳螂吃了，然后再吃虫子。乌鸦把铁线虫折成三段强行吞下的场景我也见过两三次，不过铁线虫看着很不好下咽，肯定也有乌鸦弃而不食。

天晓得那些被乌鸦吃掉的铁线虫后来怎么样了。它们肯定高度适应螳螂的体内环境，可到了乌鸦的肚子里还能平安无事吗？顺便一提，吃下铁线虫的乌鸦好像都活蹦乱跳的，应该没遇到“消化管突然被铁线虫咬破”之类的问题。

禽流感有多危险？

作为大学的客座讲师，我每年都会开一门关于城市鸟类的课。期末报告写鸽子的学生不在少数，而且他们关注的往往都是公园里常见的灰色野化家鸽[1]。文章最后都要提一提鸽粪造成的健康危害和鸽子携带的病原体，称“有必要采取措施，加以整治”。

呃，话是没错……我猜猜哈，你们是不是用“鸽子”“城市”之类的关键词上网搜了一下，点开最先蹦出来的那个网

1 原文“ドバト”广义指被人类驯养的家鸽（Columbalivia domestica），狭义指野化的家鸽。此处根据上下文取狭义翻译为野化家鸽。

站，照着网站上的内容写的？开设网站的公司就是卖驱鸽器的，怎么可能写出“鸽子多可爱呀，不用太担心啦”这种话？人家肯定会说：“鸽子会造成种种危害，选用我们家的驱鸽器才是明智之举！”

野化家鸽的窝周围遍布鸟粪是常有的事。**鸟类普遍不太介意粪便，野化家鸽更是心大**，尤其是在阳台之类的地方筑巢的时候。把巢筑在高处还算好的，因为粪便好歹会掉下去一些。

因野化家鸽传播病原体危害健康的情况确实存在，不能随随便便说“它们没问题”。风险时刻存在。但风险是个概率问题，难免有无法直观理解的部分。哪怕生病的概率很低，对当事人来说也是关乎性命的大事。听他们讲述亲身经历后，你的印象也定会大幅转变。

以登山为例，假设一条线路的出事概率是“百分之一”，另一条则是“万分之一”，两者的危险程度显然是天差地别。真出了事，对当事人来说就是百分之百，但说来说去，肯定还是“万分之一”更安全些。

有可能通过鸟类传播的疾病有禽流感、西尼罗热等。禽流感对鸟类有时是致命的，但总体上很难传给人类。会被禽流感吓得面色铁青的是养殖户。因为病鸡会把病毒传给其他鸡，而且禽流感再难传人，病鸡也是没法卖的，所以养殖户往往只能把鸡舍里的鸡全部处理掉。

禽流感病毒就像是人流感病毒的原型，但人应该不会直接被鸟传染，中间很可能经过了猪或其他有机会被感染，且代谢系统与人类相近的动物。学界认为，就是这种反复的跨种间传播催生出了更适应新宿主的变异株，最终形成在完全不同的动物中流行的新病毒。

单就禽流感而言，野鸟传染人类的概率相当低。东南亚等地确实有疑似鸟传人的案例，但都发生在菜市场等血液和排泄物飞溅的地方，而且病人在这样的环境下吃了东西。

目前的禽流感病毒还没那么容易传给人类，除非有相当深度的接触，例如接触体液。顺便一提，从防疫角度看，接触体液是绝对的禁忌。血液和细胞可以携带大量的活病毒颗粒。而且这些东西一旦附着在黏膜这种防护较为薄弱的部位，那就非常不妙了。所幸我们不必太担心野鸟，除非你紧紧搂着生病的鸟儿，还拿脸去蹭人家。

西尼罗热是一种通过蚊子传播的疾病，需要高度警惕，不过日本好像还没有病例。大多数病人发几天烧就完事了，但偶尔也会引起心脏病发作，不能掉以轻心。

鸟类学家却是人类中的例外，风险格外高。常有同行说，“抓鸟的时候不小心被咬了就会发烧”。无论从哪个角度看，这种情况都是很危险的（即便你被咬过很多次，自身有了免疫力，也可能在不发病的情况下将病原体带到别处，那就更糟糕了），所以鸟类学家更应该多加小心。与美国的野外工作者相比，日本的研究人员几乎没有采取任何防疫措施，也许我们有必要再推敲推敲这个问题。

敢不敢捏猫猫的肉垫？

提防细菌和病原体当然不是坏事。问题是——

你敢捏猫猫的肉垫吗？敢让狗狗舔你的脸吗？

你知不知道那只猫走过什么地方，踩过什么东西？狗舔过什么，拿鼻子拱过什么，不也是一笔糊涂账吗？

当然，有些人对自家的宠物格外宽容：“自家的崽，有什么关系嘛！”就好像很多人嫌弃别人用过的酒杯，却不介意跟恋人嘴对嘴。从这个角度看，被视作家人的动物和来路不明的野生动物与我们的距离感显然有所不同。

可我时常觉得，许多人对野生动物的厌恶并非源于有意识的判断，而是非常肤浅的，停留在“我不了解野生动物，所以还是躲远点吧”“听说鸽子身上有好多细菌！”“好吓人呀——”这样的层面。

按我的逻辑，**如果你不介意被狗狗扑倒舔脸，那有乌鸦在你周围转悠也不是什么大不了的事**。东京处处有乌鸦，如果乌鸦在身边走两步都会让人丢掉小命，住在东京的人早就死绝了。

当然，我这人是猫狗不忌，还跟好友养的大狗“杏仁”一起睡过呢。准确地说，那次是我去朋友家做客，他指着张垫子让我睡那儿，谁知那是杏仁的卧榻。躺着躺着，杏仁就一脸淡定地睡在了我旁边。

它都没让我挪开，多贴心啊。我的脸被舔了好几下，但杏仁是个好孩子，所以我也懒得纠结。

有些人就爱闻猫猫的肉垫。
别说家猫了，人类自己也是浑身细菌。

第二部分　关于性格的误会

人不能光看外表，还得看内在！

嗯，这话没错。

但人总喜欢按人类的逻辑去解释动物的行为，

主观臆测人家的性情。

动物眼中的世界不同于人类眼中的世界，

动物的所感所想与生活方式也与人类迥异。

在充分理解这一点的基础上揣摩动物的思维，

也属于动物行为学的研究范畴。

4

“聪明”vs“蠢笨”

能识别镜像的鸽子和
不能识别镜像的乌鸦，谁更聪明?

能做人会做的事就聪明了？

乌鸦很聪明——说得多了，耳朵都听出老茧了。

乌鸦的认知能力确实了得，可要是用“乌鸦很聪明”一笔带过，就会错失种种细节。**那就让我们从不同的角度试着剖析一下“聪明”这个概念吧。**

以“聪明”著称的动物还真不少。名列榜首的当然是黑猩猩、倭黑猩猩、大猩猩、猩猩等类人猿。

类人猿除了上面提到的四类，还有长臂猿。说得简单粗暴一点，就是没有尾巴的猴子。在分类学上，人类是类人猿的一种。

能体现出类人猿聪明才智的趣闻逸事不胜枚举，不过其中最具代表性的莫过于“黑猩猩会制作并使用工具”。

黑猩猩会折下一小根树枝，把顶端的纤维咬开，然后插入白蚁的蚁冢搅动。等愤怒的兵蚁“上钩”了，再把树枝抽出来，像撸串似的横扫上面的白蚁。咬开树枝顶端方便白蚁啃咬，一鼓作气吃光上钩的白蚁，整套动作似乎都散发着智慧的光芒。

研究人员还观察到了黑猩猩用石头敲碎坚果的行为。非洲各地都有黑猩猩种群，不仅所有种群都有使用工具的现象，而且不同种群的行为有所不同，可见那近似于在种群内部传承的文化。猩猩也会在下雨时拿叶子当伞用，免得头被淋湿。

人们曾一度以为“使用工具”是人类的专利。发现黑猩猩也会用石头敲开坚果后，人的特征就变成了“制作工具”。可随着研究的深入，人们发现黑猩猩也会自制工具。就这样，人类再一次痛失专利。

现如今，人的特征是**“用工具制作工具”**已成学界的主流观点。“哪能把人和猴子相提并论！”——**我也不是不能理解大家的心情，但揪着这一点不放，着实有些死鸭子嘴硬的意思**（当然啦，站在纯学术的角度看，“动物能做什么 / 不能做什么”确实是可以研究的课题）。

在日语中，“鳥頭”（鸟脑袋）是记性差的意思，几乎成了“愚蠢”的代名词。殊不知，鸟类其实也会使用工具。

说起会用工具的鸟，最出名的莫过于分布于加拉帕戈斯群岛的拟䴕树雀。这种鸟是吃虫的，它们会衔着仙人掌的针，把藏身于树皮缝隙中的虫子戳出来，大快朵颐。虽然没有“把针加工成工具”这一步，但也是不折不扣的“使用工具”。

再举个更简单的例子：栖息于非洲的白兀鹫会朝鸵鸟蛋

用针戳虫的拟䴕树雀。
对不起，不该骂你们是“鸟脑袋”的。

扔石头（或将蛋从空中抛下），砸开蛋壳享用蛋液。这也是在使用工具，因为它们用石头打破了不能仅靠自己的喙啄破的坚硬蛋壳。直接把蛋砸在坚硬的地面上（或从空中抛下）就不算使用工具了，但从“利用地面很坚硬这一性质”的角度看，它们也是动了一番脑筋的。

“把蛋砸在地上”之类的行为叫“利用底质”，被认为是使用工具的前一个阶段。顺便一提，鱼类也有这样的行为，曾有人观察到绚鹦嘴鱼属的鱼类借助岩石砸开贝类。

这不是说，任何一种利用底质的动物如果更进一步便能使用工具，但许多动物都会在日常生活中表现出些许“小聪明”。

会自制工具的新喀鸦

说起“使用工具”，鸟类中的佼佼者当数新喀鸦。

新喀鸦分布于新喀里多尼亚。1990 年，科研人员公布了一项重磅发现：野生状态的新喀鸦竟会自制工具，并加以运用。新喀鸦就这样突然登上了工具制作者的宝座，要知道这本该是人类和黑猩猩的专利。

这一发现颠覆了人们的固有观念——“只有像人类一样心灵手巧的动物才能制造工具。黑猩猩和人类差不多，所以才能做到”。

新喀鸦会用工具把食物从洞和缝隙中拽出来。例如，它们会扯下叶子，去掉多余的部分，只留叶柄，然后找棵倒下的树，拽出躲在树洞里的天牛幼虫。而且它们并非用工具去“钩”幼虫，而是以恰到好处的力道戳得人家火冒三丈，一口咬住叶柄。这个时候把叶柄收回来，便能饱餐一顿。

要实现这样的捕食方法，就得先制作出合适的工具，再以妥当的方式把它衔在面前，巧妙操控，也不知道这种行为是如何形成的。刚离巢的雏鸟既不善于制作工具，也不善于使用工具，可见新喀鸦是通过反复练习掌握了这种技巧，但促使它们走上这条路的究竟是什么因素呢？

新喀鸦的工具有好几种，包括钩状工具、露兜树叶制成的工具等，材料和用法各不相同。**而且每种工具都有区域特色，应该只在有限的范围内使用。**

但也不是只要跑去新喀里多尼亚，就能看到大量的新喀

新喀鸦的自制钩子。
不用手就能做出这样的工具，多厉害啊！

鸦一个劲儿地用工具。新喀鸦栖息于森林，数量也很少。据说电视播放的野生新喀鸦的画面都是在同一处拍摄的。事实上，针对新喀鸦的野外研究还非常有限，它们如何在野生状态下学习并传承工具的用法仍是个未解之谜。研究得比较多的是被圈养的个体。

甚至有极端的观点认为，新喀鸦钓树洞里的天牛幼虫是受了人类行为的启发。因为当地人原来有吃天牛幼虫的习惯，至今仍会在过节时玩一种游戏：用斧头劈开一棵倒下的树，比谁先找到天牛幼虫（吃天牛幼虫的习惯还挺常见的，古罗马人也吃）。

说起“高智商动物”，很多人会立刻联想到海豚、鲸鱼和大象。鲸类不使用工具，却有复杂的声音交流系统和鲸歌，还会成群结队，一同打猎。大象也是群居动物，还有灵巧的鼻子。有研究报告称，大象会时不时回到伙伴死去的地方，伸出鼻子触摸暴露在荒野的遗骨。

这究竟是不是“哀悼”行为还不得而知，但不少研究人员觉得，认定“大象只是碰巧路过，好奇遗骨是什么东西，于是就用鼻子碰了碰”反而说不过去。**尽管没有证据表明大象有死亡的概念，却也无法排除“大象把同伴死亡的地点看成某种值得纪念的地方”的可能性。**

乌鸦也有发达的社会智力，会形成社会，处理个体之间的关系。针对渡鸦的相关研究较多，人们发现年轻的渡鸦会在找到优质食物时呼朋唤友，壮大我方势力，以免被有领地的年长渡鸦截和。

日本的大嘴乌鸦也有类似的倾向，年轻个体发现食物后好像也会呼叫伙伴。它们有专为这一目的服务的**“食物叫声”**。如果你看到一只乌鸦停在垃圾桶上方的电线杆上，缓缓叫了几声“咔——”，那就是了。

要是被叫声引来的乌鸦各叫了一声“咔——”，**那八成是“我来也”的意思**。这种叫声的频率特征存在个体差异。换句话说，不同的个体有不同的叫声，而且乌鸦一听就知道是谁在叫。**也许叫声交流就是大嘴乌鸦告诉对方“我在这儿”的方法。**

“你骂谁傻呢！”来自鸽子、蚂蚁和沙丁鱼的抗议

如前所述，地球上有各种“聪明”的动物。那“不聪明”的……或者说得再直接点，被打上“愚蠢”标签的动物都有哪些呢？

好比无论从哪个角度看都不太聪明的野化家鸽。野化家鸽的傻里傻气来源于“见什么啄什么”的态度。啄着啄着就把吃的啄飞了，只得慌慌张张追上去，再啄两下，又飞了……**见状，人会不由得想：这鸟是不是傻啊！就不知道用脚踩着吃吗？且慢，这怕是强人所难啊。**

包括鸽子在内的许多鸟类都做不到“用脚踩着吃”。有些鸟是因为腿和脖子太短够不着，有些则是神经系统无法应付如此复杂的动作。人不也有许多“理论上可以实现，但需要训练才能做到”的动作吗？让一个普通人一边用左手打三拍子，一边用右手打四拍子，人家肯定是一头雾水，毫无方向。

公然在阳台这样的地方筑巢也是它们生活史[1]的一部分，并非愚蠢使然。野化家鸽的前身是原产于西亚的原鸽。原鸽被人类驯化后，作为肉鸽、宠物鸽和信鸽传播到世界各地，之后再度野化，便成了所谓的野化家鸽。它们的故乡气候干燥，所以营巢地往往是石山的悬崖。由于树木稀少，筑巢材料也十分有限。

1　即生物生长、发育、繁殖的全过程。

从一开始就被人类饲养的野化家鸽不太怕人。日本的野化家鸽原本定居在寺庙等大型建筑，而当人类开始建造大楼后，它们就把楼宇当成了岩山，并在上面筑巢。**正因如此，它们才会把阳台视为“岩山中段适合筑巢的平台”，用十来根树枝筑（看起来非常粗糙的）巢。**

它们绝不愚蠢，也没有偷懒。

蚂蚁和白蚁这样的群居动物单看个体时简直跟“聪明”毫不沾边。蚂蚁只会到处瞎转，把食物拖回蚁穴的时候都不一定跟同伴合作。一个不凑巧，两只蚂蚁甚至会朝相反的方向拉，白白浪费力气。

然而，蚂蚁和白蚁一旦成群，就能建出结构极其复杂的巢穴。放到科幻作品中，便成了“一群没有智慧的生物集结起来便拥有了高超智能”之类的创意，但蚂蚁和白蚁都不会通过在个体之间传递信息进行计算。

动物时而表现出的“极具组织性的群体行为”可能基于非常简单的控制“程序”。例如，当一群沙丁鱼遇到障碍物时，它们会极其流畅地分成两股，绕开障碍物，然后再融为一体，仿佛鱼群有自己的意识一般。但科研人员已经基本模拟出了上述行为。而且令人惊讶的是，控制沙丁鱼群的程序其实简单得很。

（1）跟着游在自己前方的个体；

（2）与周围的个体保持一定的距离；

（3）接近障碍物时，朝右侧或左侧避让。

仅此而已。

当鱼群一起游动时，所有个体都跟着前方的个体，并与周围的个体保持一定的距离。如果有障碍物出现在鱼群的正前方，靠前的个体就会向左右两侧避让。前面的个体向右避让，紧跟着它的个体也会游向右侧。要是右边还有其他个体，似乎很容易侧面相撞，但右边的个体也会根据“保持一定的距离”和“接近障碍物时避让”这两项程序进行避让。在这种情况下，它只能往右边去。

因此在鱼群的前端向左右两侧分离的刹那，后续个体也会如河水分流般分成两股。绕开障碍物后，它们又会按照“与前方个体保持一定的距离”，即“不要离太远”这一程序，试图追上离自己最近且位于前方的个体。这就是分离的鱼群再次会合的原因所在。

而且最新的研究表明，仅靠“随机跟踪某人”这一条就能实现这种状态，这也许是最接近事实的猜想。如果沙丁鱼果真是用简单至此的程序控制了鱼群的行为，那着实厉害得很。

这类在集群状态下表现出来的能力被称为**“群体智能”**。细菌群调控增殖速度、萤火虫组成小群分散活动都是群体智能的例子。群体智能理论也被应用在了人工智能算法领域。**能发挥出此类聪明才智的动物都是“个体程序非常简单，成群结队后却显得非常聪明”。**这种“聪明”在昆虫的身上应该能体现得很好，因为它们的演化比的就

迅速分流的沙丁鱼群。
大而敏捷的鱼群建立在足够简单的机制之上。

是“谁能在最小的硬件上搭载尽可能简单的程序来实现最复杂的行为”。

要是给昆虫配上和人类一样巨大的头脑，它们的身体结构就乱了套。靠外骨骼支撑的身体无法长得很大（一旦变大，就需要对身体内部进行分区，而这会导致重量的上升），其循环系统也不适合庞大的身形。它们没有明确的血管，循环液被心脏不知怎的泵至全身，又不知怎的回到心脏[1]。

只要体形够小，这确实是一个简单又好用的方法。可要是超出一定的限度，就会因循环效率太低无法正常活动。

1 昆虫采用开放式循环，整个体腔就是血腔。循环液又称“血淋巴”，心脏负责将血淋巴泵至全身。

世上充满了不同于人的智慧

除了使用工具外，人类还有几种大多数动物并不具备的认知能力，好比**“识别镜像”**。

所谓识别镜像，就是**“能认出镜子里的是自己”**。人是具备这种能力的，但小婴儿认不出来，一般要到两三岁才能做到。

动物照镜子的时候，往往会认定“那里有别的个体”。鱼和猫看到镜像后会绕去镜子后面瞧上一瞧，这是因为它们认定“后面有别人”。

许多鸟（比如鹡鸰和北红尾鸲）爱跟汽车后视镜吵架。由于威吓镜中的鸟时，对方也会用同样的方式威吓自己，“矛盾”会在这个过程中不断升级。本想绕过去吧，却发现镜子后面空无一物。但转回来一看，那家伙还在面前……最后演变成抬脚踹镜子也是常有的事。

除了人类，还有哪些动物能识别镜像呢？黑猩猩和大猩猩等类人猿就可以。如果你找个它们自己看不见的部位，偷偷弄点污渍上去，它们就会在照镜子的时候注意到污渍的存在，并触摸自己。当然，它们起初也会触摸镜子，但很快就会意识到“那不是别的个体”。

据说大象和海豚也能识别镜像。说类人猿、鲸类和大象有这个本事，大家还是很好接受的，因为它们都是非常聪明的动物。喜鹊也可以。到底是鸦科的，不聪明就怪了。对了，鸽子和乌贼也行，还有裂唇鱼。但大嘴乌鸦不行。

不难想象，大家看到“鸽子”的时候便生出了疑问。看到乌贼和鱼的时候，八成会满头问号——“你不是在逗我吧？”

更诡异的是，喜鹊能识别镜像，乌鸦却不行。大嘴乌鸦照镜子的时候，只会杀气腾腾地跟镜像吵架。**难道乌鸦很蠢吗?**

请容我为乌鸦稍作辩解：这可能是因为乌鸦有领地意识和等级之分，而且生性好斗，于是在意识到镜像“不对劲”之前就热血上脑，发动了攻击。

不过令人惊讶的是，连鸽子（野化家鸽）都能识别镜像，只是需要花点时间。

乌贼的实验方法略有不同。研究人员发现，乌贼在面对真乌贼时的反应和面对镜像时的反应并不一样。毕竟镜像只能反馈和自己相同的信号，而且不会散发气味，和面对真乌贼时的反应不同倒也合情合理。行为的差异可能只是这方面的不同所导致的，但它们好像至少能判断出“那家伙不是真的”。

裂唇鱼则是新鲜出炉的案例。实验方法和黑猩猩一样，在鱼肚子上弄点污渍。科研人员观察到，裂唇鱼也会在照镜子后注意到身上脏了，并试图用石头或其他东西蹭掉脏东西。这项发现确实相当惊人，但仍有破绽——

鱼类常会携带鱼虱等寄生虫。鱼群中的其他个体身上有寄生虫，自己身上搞不好也有。因此，就算鱼没有认出镜子里的是自己，也可能触发清除寄生虫的行为。当然，我也不过是随口一说，挑挑鸡蛋里的骨头罢了，期待后续的研究成果。

总而言之，动物会用形形色色的方法认知外界，并以自己的方式做出反应。没人能保证它们的认知与人类相同。

从这个角度看，我们完全可以说“世上充满了不同于人的智慧”。

章鱼性能卓越

章鱼的神奇尤其值得一提。章鱼的长相并不会给人留下“聪明”的印象，但它们是极其有趣的动物。首先，它们可以非常灵巧地改变自身的颜色，乃至皮肤表面的纹理，与背景高度同化。可教人百思不得其解的是，章鱼并没有色觉，不能识别颜色。

我曾在电视上看到过章鱼和潜水员的一场较量：章鱼在被潜水员发现后迅速逃跑，不断调整位置。无论逃到沙地还是石滩，它都能在一瞬间融身其中。见潜水员扛着摄像机紧追不舍，它便冷不丁游到了空无一物的水中，喷出墨汁隐匿行踪。

潜水员拨开墨汁一看，章鱼已然不见了踪影。唯有海藻的碎片徐徐漂过。镜头在周围一番搜索，然后对准一株海藻，徐徐拉近。没错，那正是假扮成海藻的章鱼。只见它上下摆动腕足，还把身体变成了绿褐色。

栖息于南太平洋的拟态章鱼更是了得，能拟态成各种动物，以模仿海蛇闻名于世。它们会将腕足并拢，形成花纹，然后左右扭动，乍看跟海蛇一模一样。还有些章鱼随身携带椰子壳，在必要时将其组装成庇护所。

然而，这种模仿不一定是“思考”的结果。也许是章鱼本身配备了各种程序（诸如“遇到这种情况就这么做”“遇到那种情况就那么做”“再逃不掉就采取最后手段”），不过是视情况自动触发罢了。

说起章鱼的智慧，更值得关注的其实是它们的社会学习能力。将食物装在瓶子里沉入水缸，章鱼就会缠着瓶子，尝试打开。如果此时观察者向章鱼展示拧开瓶盖的方法，章鱼就会记下来，比没见过范例的个体更快地拧开瓶盖。

人类很擅长这种“通过观察别人掌握方法”的学习，所以不当回事，殊不知没有多少动物能做到这一点。

大多数动物靠自行试错摸索具体做法，说白了就是屡战屡败，屡败屡战，充其量只能学到“得把盖子弄开”这一层。

章鱼能迅速认识到“将腕足吸在盖子周边，然后将其拧开”这个方法，当然得益于它们的腕足很灵巧，还配备了吸盘。不过鉴于章鱼应该不是社会性动物（普遍独居），这确实令人十分惊讶。这么强的社会学习能力，究竟要用在哪儿呢？

顺便一提，章鱼的每条腕足都有独立的神经节，能在一定程度上自主运动。神经节是神经在大脑之外的部位集合而成的结节状构造，控制反射动作和其他不经过中枢神经的活动。换言之，有些活动无须请示大脑，腕足自己就能控制。另外，章鱼腕足的神经节还能互通腕足的位置信息。“整体要做什么”的大目标由位于头部的大脑设定，但接收到目标后，每条腕足似乎会各自决定具体的动作，诸如“那我就这么办”“边上的腕足在这个位置，那我就去那儿吧”。

也就是说，章鱼是在个体之中搞团队协作。至于那究竟是一种什么样的感觉，我们人类就不得而知了。

鹦鹉和鹩哥的对话能力

最后再聊聊经常和“聪明”二字联系在一起的鸟类——鹦鹉和鹩哥。

人们觉得它们聪明，显然是因为它们会“说话”。鹩哥会说话，圈养的乌鸦也会说话。每次提到这个，人们都会感叹：“乌鸦果然很聪明啊！”**非也，其实“模仿听到的声音”与智商并没有太大的关系。**

许多鸟类会在叫声中融入模仿的元素，好比南美的嘲鸫。嘲鸫呈灰褐色，长得很不起眼，体形和栗耳短脚鹎差不多大，模仿能力却很强，以至于人们一直都没搞清楚它们原本是怎么叫的。据说被认为是“嘲鸫叫声”的声音几乎都是对其他鸟类的模仿。还有一些鸟类连人工的响声都能模仿，好比华丽琴鸟。但这只能算“灵巧”，却称不上“聪明”。这和“知识竞猜类节目不会请擅长模仿秀的谐星”是一个道理。

不过动物心理学家艾琳·佩珀伯格（Irene Pepperberg）饲养的非洲灰鹦鹉亚历克斯似乎真能听懂英语，也会说英语。用英语提问时，它能给出语意通顺的回答。

更可怕的是，据说在面前有三个苹果和四根香蕉的情况下问“红色的有几个”,它会回答“三”。问“黄色的有几个”，它会回答“四”。问“水果有几个”，它便回答“七”。如果它确实能理解“数字”这种抽象的概念，就不得不说它的认知能力十分惊人。

而且这也意味着它能理解非常复杂的分类——“苹果和香蕉是不同的，分别具有红色和黄色的属性，但都是水果”。**换言之，厉害的不是“它会说话”这件事本身，而是“它说的内容”。**

马戏团之类的地方常有会做算术题的动物，最著名的例子就是神马汉斯。据说问“汉斯，三加四等于几？”，它就会跺脚七下。

但汉斯并不理解算术。不仅如此，他很可能也理解不了人类提的问题。他所做的不过是以提问的声音或某种手势为信号，做出跺地的动作。关键在于“观众知道答案”。

如果正确答案是七，在汉斯跺到第七下的时候，观众就会不自觉地发出信号（比如点头或拍手），表示“这是正确答案”。见状，汉斯便会停止跺脚。一项略显刁钻的实验证实了这一猜测。假设观众看到的问题是“三加四等于几？”，但汉斯看到的不是这道题——实验人员在观众不知情的状态下给汉斯出了另一道题。也就是说，观众期待的数字并非汉斯被问的那道题的答案。即便在这种情况下，汉斯也能给出观众看到的算术题的“正确答案”。

综上所述，**有些让人类“觉得动物聪明”的行为其实**

基于非常简单的机制，这一点需要多加留意。尤其是对那些被认定为“玩耍”的行为的解释，往往掺杂了人类的主观看法——“从人类的角度看，它们好像在玩”。

最近我在网上看到了一段视频，视频中的叫鹤把高尔夫球扔到路上，然后再捡回来，如此反复。视频的标题是“玩弹球的鸟”，但我认为它并不是在玩耍。因为把球扔到地上以后，鸟的眼睛一直盯着下方。球突然从天而降时，它还会慌忙躲开。如果它早就料到球会反弹，肯定不会是这样的反应。

也许它本就有“把鸡蛋之类的东西扔到地上砸碎”的行为习惯，所以看到球的时候也下意识地往地上一扔。谁知本该碎裂的“蛋”不见了踪影，还从上面掉了下来，吓得它惊慌失措——这恐怕才是真相。

话虽如此，动物的行为确实有可能比我们想象的更为复杂，多留个心眼总没错。

动物学家铃木俊贵在研究中发现，远东山雀会在听到代表“蛇来了！”的叫声时想起蛇。它们有专门针对蛇的叫声（许多动物都会针对不同的捕食者使用不同的警告声），要是在这种叫声响起后晃动树枝，它们就会仓皇逃窜。

如果事先没听到代表“蛇来了！”的叫声，它们就不会过于惊慌。它们很可能在听到专门针对蛇的警告声时明确想起了蛇，正处于“蛇在哪儿？在哪儿？”的状态。若有细长的棒状物在这个节骨眼上晃动，它们就会瞬间认定“那是蛇！”，以最快的速度起飞。

我认为这是一项设计得非常精妙的实验，仿佛成功窥视到了小鸟的所思所想。

智力是为生存服务的性能之一

说起镜像识别能力的时候，我提了一句“乌鸦似乎不能识别镜像”。但有研究结果表明，渡鸦和大嘴乌鸦很可能有数字的概念。因为它们能完成“选择有四个记号的东西”这样的任务。这个实验很难用三言两语解释清楚，反正调整记号的大小和面积后，识别起来依然不成问题，可见它们应该有判断数字的能力。

新喀鸦不仅会用工具，做事还很有计划。“管子里有吃的，但没法从这边拿出来，所以我得先去另一边，把吃的推进洞里，再绕回来拿”这种复杂的操作，它们也能很快想明白。渡鸦甚至可以为了长远的利益而放弃眼前的利益。

但“它们能否区分自我与他者”就得打个问号了。因为它们经常表现出基于“我看不见它，所以它应该也看不见我”这种想法的行为。因此站在人类的角度看，动物的智力发展模式显得很不均衡，颇有些偏科的感觉。

不过仔细想想，这也是理所当然。**毕竟智力不过是为生存服务的性能之一，所以动物发展出来的智力应该都是它们所需要的。**好比没有社会性的动物就不需要社会智力，但可能需要理解并预测猎物动作的能力。

这种“严重偏科”的智力很难用“相当于 × 岁幼儿”

这样的说法来概括。**“智力与 × 岁人类相当”这样的评语压根就不适用于预测能力比肩成年人、社会性为零、本就没有手所以无法使用工具的动物。**由此看来，我们是不能将动物的认知能力简单粗暴地形容成“相当于 × 岁幼儿”的，可惜媒体似乎很中意这种简单明快的词组。

其实人类的智力绝非标准与平衡的典范，也存在种种偏误。

以经典的“沃森选择任务”[1]为例。假设你面前有四张卡片，一面印着字母，另一面则印着数字。现在可见的一面印着“A”“K”“4”“7”。

如果有人告诉你，“其实卡片上的字母和数字是有规则的，如果一面是元音，另一面就必然是偶数”，你至少要翻开哪些牌，才能验证这条规则呢？

正确答案是“A”和“7”。

只需验证“元音的背面是偶数”和与之对应的“奇数的背面是辅音”即可。但人们往往还想验证一下“4”的另一面是不是元音。细看上面的问题，你就会发现它并没有提到“偶数的背面是元音”，所以没有必要验证“4”的背面。

然而，人类就喜欢收集“哦，我就知道！”的例子。“据说这些牌是有规则的？真的假的？是不是按规则来的啊？”人们会产生这样的心态，总想一遍遍核实。**仿佛收获的正确答案越多，这个世界的确定性就越强。**因此核实过“元音的背面是偶数”之后，还想再检查一下“偶数的背面也是元音”

---

1 又称“四卡问题”，是彼得 · 沃森（Peter Wason）提出的心理学实验。

这种一一对应的关系。

演化心理学家莉达·科斯米德斯（Leda Cosmides）称，人类能迅速记住叛徒的面孔。即便遇到了无法在逻辑层面锁定罪魁祸首的情况，只要有证据表明“他貌似是个叛徒”，人们往往也会立刻认定“他就是真凶”。

学界有这样一种假设：这可能是由于人类认知演化的方向不是“追求逻辑的正确性”，而是“避免在群体中吃亏”。

成群结队既有成本，也有好处。以大家熟悉的居民自治会为例：入会需要交会费，但交了钱就有资格参加庙会。在这种情况下，人类的智力就会侧重于“揪出只享受参加庙会的乐趣却不交会费的叛徒”。

越说越觉得智力这东西俗气得很。但换个角度看，我们也可以说：**只要能生存下来，留下后代，就不需要什么智力**。

假设有一种动物力量超群，还长着锋利的爪子和獠牙，它们需要使用工具吗？大概不需要。因为无须工具辅助，它们也能靠自己的身体搞定一切。

当然，使用工具能极大地提升通用性。鸟喙针对不同的食物演化成了特殊的形态，但人类可以通过更换工具完成各种任务。比起自己身体的演化，我们可以更快、更精确地适应环境。但即便如此，这也不过是留下后代的手段之一。

若只想“作为适应草原的猴子活下去”，当草原狒狒又有何不可。还有硅藻——硅藻主宰地球海洋近两亿年之久，是海洋物质生产的基础，足有二万到十万种之多。作为生物，它们实现了毋庸置疑的繁荣，但十有八九不具备任何可以测

量出来的智力。陆地上最繁荣的生物当数昆虫，可它们的智力也不怎么样。

有时我甚至觉得，将人类的智力标准应用于动物，自我安慰“它们远不及人类的水平”，或是认定“人类智商高，所以人类最厉害”，都不过是人类的一厢情愿，是对人类智力的偏心而已。

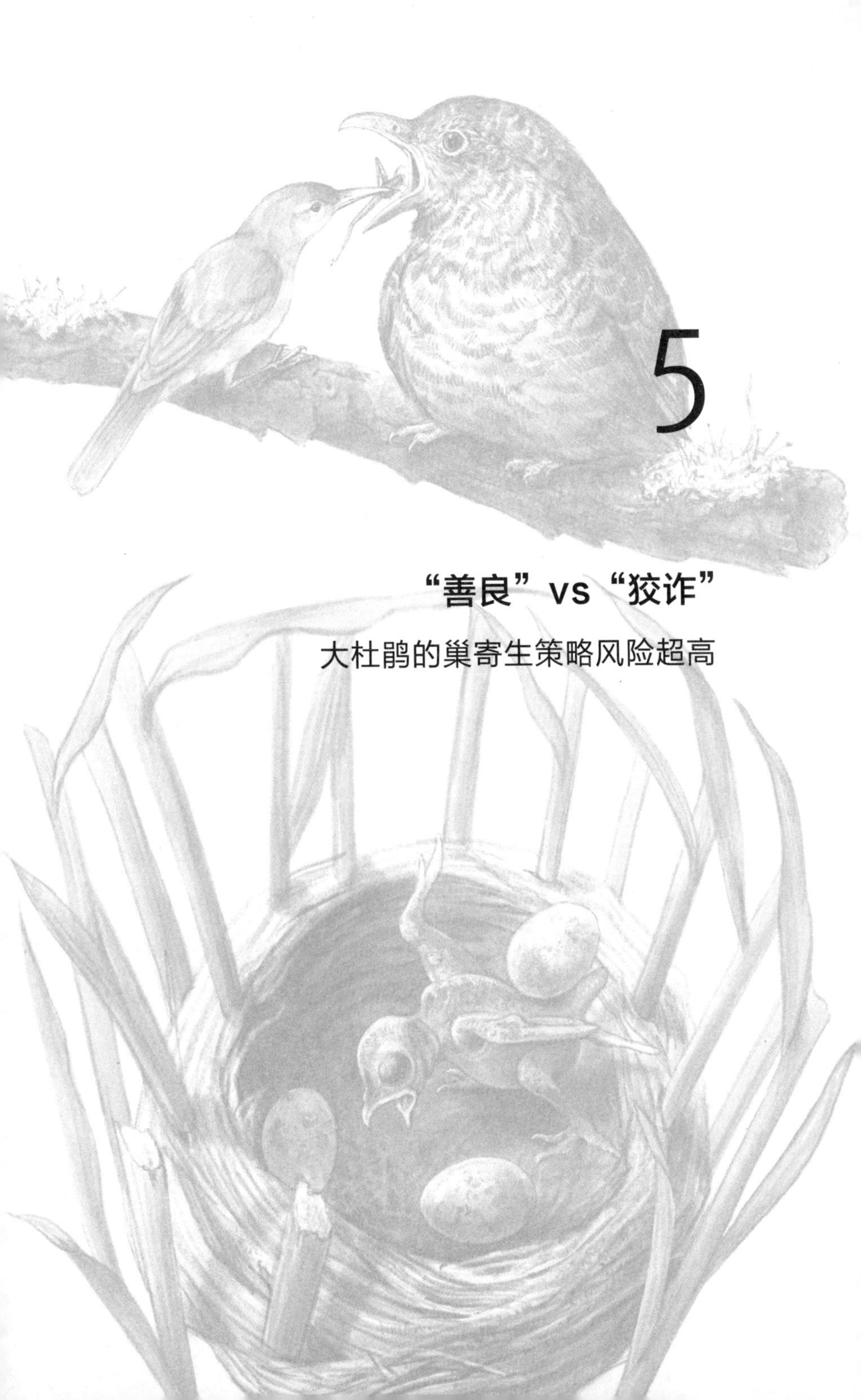

5

“善良”vs“狡诈”

大杜鹃的巢寄生策略风险超高

利他行为实属白费力气

被问及“你想找个什么样的男 / 女朋友”时，许多人都会不假思索地抛出“善良”二字。人类就是如此注重善良。

那么问题来了：动物善良吗？

和“善良”联系在一起的动物种类繁多。好比鸭子，一看就是温顺善良那一类的。它们不同于猛禽，应该干不出捕食其他动物的事情。对了，因为偶尔也有人误会，请容我稍作解释：鸭子大多是食草动物。虽然也有吃贝类等底栖动物和鱼类的鸭子，但水边平时最常见的绿头鸭和斑嘴鸭基本吃草。小虫子什么的也会吃一点就是了。

大象也给人善良的印象。它们的智商确实很高，又经常驮人，所以成了“温顺大块头”的代名词。麻雀和燕子肯定也很善良，因为它们会悉心照料自己的孩子呀。对了对了，还有心地善良却力大无穷的大猩猩。

……当真？

那就让我们先研究研究所谓的“善良”是针对谁的吧。

先从人类的“善良”说起。

人类常有善待他人的举动，遇到有困难的陌生人都会伸出援手，不是请人家吃饭，就是垫付交通费。我的一个学弟说，他上大学的时候在去屋久岛的路上偶遇了一位家住鹿儿岛市的大叔，在人家家里对付了一晚。我去鹿儿岛港的时候，也有位萍水相逢的大叔分了些鱼饵，助我钓到了竹荚鱼。在酒吧一时兴起请陌生人喝杯酒也是常有的事。

这种自己吃亏却有利于他人的行为，也就是**“利他行为”**究竟有什么意义呢？

从生物学上讲，利他行为本身是毫无意义的，甚至称得上白费力气。大多数动物不会胡乱攻击，却也不至于好心到说“来吃我的脸吧”[1]。**互不干涉才是它们的基本态度。**

仔细想想，这也是理所当然。善待陌生人不过是白白付出劳力，却得不到任何回报。单这一点就是明确的损失。

要是对谁都这么“善良”，就会被得寸进尺的人吃干抹净——被排除在外，吃不上像样的东西，最终虚弱而死。如果当事人自己无怨无悔，那也就罢了。就算这种“老好人性状”是遗传的，恐怕也很难传给下一代。因为废寝忘食为他人劳

1 典出日本经典动画《面包超人》，主角面包超人会把自己的脸分给饥饿的人吃。

作，就很难留下自己的后代。

凡事只为自己考虑的利己主义者呢？

不在乎别人怎么看待自己，只想轻松度日，每天吃得饱饱的，长命百岁，多子多孙——从结果看，这类个体能留下许多后代。“好人不长命，祸害遗千年”说的就是这么回事。

所以从演化的角度看，动物基本上无法善待他者。

莫非人类是个例外？那倒也不是。因为群居动物面对着复杂而棘手的两难局面。

群居的原因是“在群体中生活比单独生活更轻松”。比如，人多势众有助于抵御外敌，高效觅食。

在这一前提下，群体成员的死亡是不利于自己的。一番算计之后，便会得出这样的结论：“既然帮它能得到更多的回报，那就帮一帮吧。”“如果我善待了它，它以后也会善待我”也同样成立。万一碰上只知索取却不知回报的卑鄙小人，跟它一刀两断就是了。

这种知恩图报被称为**“互惠利他行为”**，能在动物界找到许多例子，好比吸血蝠。

吸血蝠这个名字听着怪吓人的，可它们竟会大发善心，口对口喂血给饥肠辘辘的伙伴。当然，这种行为的频率并不高，但它们经常与要好的伙伴（比如互相梳毛的个体）分享血液。“要好的伙伴”就是“频繁见面的个体”，关系如此亲密，还是很有希望得到回报的。

顺便一提，在大约一千种蝙蝠中，吸血的不过寥寥数种。

连人类等哺乳动物都咬的就只有普通吸血蝠这一种。对了，**就算被它们吸几口血，也不至于像吸血鬼电影里的受害者那样变成干尸**。

吸血蝠不过是用锋利的牙齿划开皮肤，舔舐从伤口流出的血液而已，和山蛭没什么两样。只不过它们有可能携带狂犬病毒，还是躲着点为好。

善意为谁服务?

说起善良，渡鸦也是一种非常善良的鸟。它们一旦发现自己吃不完的食物，就会以响亮的叫声招来同伴。明明可以吃独食，却非要和大家分享。

但研究表明，**这种行为似乎并非源自善意**。如果没有足够的食物，渡鸦就会自己吃，而不是选择分享。

而且渡鸦有密度低和流动性高这两项特征。如果双方都是没有领地、大范围徘徊的年轻个体，天知道下次碰见是什么时候，而这意味着没有回报对方的机会。多年后和吃过自己分享的食物的个体重逢，自己恰好很饿，对方又恰好守着一堆美味佳肴……这概率也太低了。

换句话说，渡鸦请客和蹭饭的机会实在太少，因此见了谁都慷慨招待不太可能对自身有利。

那为什么还要分享食物呢?

研究人员发现，在食物充足的情况下，渡鸦有时会呼朋唤友，有时却秘而不宣。低调的渡鸦往往是一两只一起，呼朋唤友的则会招来十多只乃至数十只。

区别在于前者有领地也有伴侣，后者则是没有领地的年轻个体。有领地的个体经验丰富，也比较强壮，真有小年轻凑过来，也会把它们赶跑。**所以小年轻才要呼唤同伴，壮大声势，制造出“想赶也赶不走”的局面。**

大伙儿一块吃，自己能分到的自然就少了，可要是被那些有领地的黑心个体赶跑了，那就一口都吃不上了。有的吃总比饿着肚子强。

这便是研究上述行为的贝恩德·海因里希（Bernd Heinrich）得出的结论（他的研究范围很广，也不知该称他为生态学家、动物行为学家还是博物学家）。换句话说，**这种行为的形成并不是因为渡鸦心地善良，又讲究团队协作，反而是因为它们具有攻击性和贪欲**。

日语中有一句老话，“情けは人の為ならず”。字面意思是“善意岂是为他人”，说白了就是“好人有好报”。

言外之意，只要善待他人，绕来绕去总能有回报的，所以对别人好，到头来也会使你受益（可不是“善待他人没好处”的意思哦）。动物的“善良”遵循的往往就是这种模式。

但最近发表的几篇论文称，动物说不定也有真正不求回报的善良。以非洲灰鹦鹉为例：将两只掌握了“投入代币就能获得食物”的灰鹦鹉分别放在两个相邻的笼子里。即便其中一只面前没有“自动售货机”，它也会把代币交给隔壁邻居，请邻居帮忙取出食物分给自己。

不仅如此，哪怕自己分不到食物，只要看到邻居饥肠辘辘，灰鹦鹉也会给代币，颇有些做慈善的意思——“别管我，用这个换点东西吃吧！”

还有一篇论文研究了小家鼠的“善良”。

科研人员将两个笼子摆在一起，其中一个笼子里的老鼠按下按钮就能享用食物，但与此同时，隔壁笼子里的另一只老鼠会遭受痛苦的电击，发出惨叫。如果它们对他者漠不关心，就应该无视惨叫，放开肚子吃。实验中的老鼠却控制了食量。看来同类邻居的尖叫比食物更要紧。

我们可以从各种各样的角度去诠释上述实验的结果。要是把动物们想得刻薄一点，那灰鹦鹉也许是这么想的——“不用立刻回报我，但我对你这么好，你应该知道下次该怎么做吧？”小家鼠也可能有更利己的动机——“我可不想听它惨叫，多倒胃口啊！”

不过这些实验似乎足以表明，其他动物也可能存在与人类的“善良”相近的行为。

名为“不具攻击性”的善良

不过大猩猩好像还是要比黑猩猩更“和善”那么一点点。它们很少吵吵嚷嚷，打架也是小概率事件。相较之下，雄性黑猩猩成群结队捶打地面、晃动树枝、大吼大叫，想方设法吸引雌性，简直跟小流氓有一拼。

事实上，在大猩猩之间的紧张气氛一触即发时，地位较高的雄性会介入调停，注视着对方的眼睛，同时做出一种被称为“咂嘴”的神奇行为，即反复开合努起的嘴唇（单看文字可能不太好理解，大概近似于在只动嘴但不出声的状态下说一连串“MU”）。

这是一种安抚对方的行为。大猩猩似乎更倾向于提前防止群体内部的冲突，群体间的关系也不那么剑拔弩张（尽管偶尔也会爆发争斗）。

黑猩猩则不然，和相邻的群体水火不容是常有的事。有时它们甚至会溜进对方的活动圈，悄悄跟踪，然后趁其不备逐个击破。这种行为显得非常聪明，而且极具攻击性，说带有犯罪色彩都不为过。

相较之下，说大猩猩更爱好和平恐怕并没有错。它们会捶胸威吓敌人，据说有时也会突然猛冲过来，但顺势发动攻击的情况少之又少。**明明身材壮硕，肌肉发达，却极少将自身的力量用于攻击。**

那同样给人以“温柔大力士”印象的大象呢？

被人役使的是亚洲象。它们相对温顺，会乖乖听从驯象师的指令。不过，**和骑乘用马一样，它们也会敏锐地观察背上的人**。

我有位朋友在去印度拍老虎的时候骑过大象。驯象师是这么跟他说的：“年轻的大象比较听话，老虎不把它们放在眼里，搞不好会跳上象背。换成老象，老虎就不敢轻举妄动了，但老象可能不服你，把你活活甩下来。”再补充一下，要是真被甩了下来，就有可能被老虎吃掉，或是被大

大猩猩以咂嘴行为将冲突扼杀在摇篮里。
“稳住，稳住——”

象踩扁。

到了交配季，温顺如大象也难免会变得暴躁。泰国前些天刚曝出逃跑的驯养大象反复攻击碰巧路过的游客，造成游客身负重伤的新闻。那头大象肯定是被惹恼了。碰上被惹恼的人，最多不过是小打小闹，可换成大象这个级别的体形，那就相当危险了。印度每年都有野生大象攻击村民的案件。

非洲草原象的攻击性就更强了。非洲年年都有人死于大象之手，可不是闹着玩儿的。闯入农田的大象会为了觅食推倒周边杂物。它们重达五六吨，不费吹灰之力就能搞垮里面睡着人的小屋。而且法律规定不得在国家公园附近伤害大象，以至于村民们只能靠血肉之躯驱赶这些庞然大物，而这样难免会招来大象的反击。

还记得几年前，有一群人在小屋里私自酿酒，结果大象闻香而来，闯进了村子（大概那头象吃过酿酒的原材料或人们丢弃的酒渣）。在这种情况下，大象不是冲着人来的，而是“压根没把人放在眼里”，但人还是有可能因此丧命。

从这个角度看，大象实在算不上“人类的好朋友”。

善良与繁殖成功率

视频网站上常有“一种动物抚养另一种动物幼崽”的视频。狗狗照顾小猫、猫猫养育小鸭子的画面确实温馨，却并不意味着狗或猫就特别善良，而是某种误会或“故障”所致。

就算把鸟巢中的雏鸟换成别家的孩子，许多鸟类也注意不到。它们只管“自己的巢”这一明确的地理目标,认定“在我巢里的就是我的孩子”。所以哪怕混进了别家的雏鸟，它们也基本无知无觉。

部分水禽和企鹅能识别自家雏鸟的叫声，但乌鸦和燕子只关心两点：“雏鸟在不在自家的巢里”和“是不是大张着嘴要吃的”。雏鸟口中的黄色或橙色能对亲鸟形成显著的刺激，只要雏鸟张开醒目的嘴，亲鸟就会受责任感驱使，觉得“必须往它嘴里喂吃的”。

虽然我用了“受责任感驱使”这样的措辞，但更准确的说法是“先天行为模式被激活了”。雏鸟的行为就是在第二章中提过的钥匙刺激，某种刺激和由这种刺激引发的行为是对应的，一旦受到刺激，就会自动地、反射性地做出相应的行为。

例如，雄性刺鱼见到下半部分是红色的东西就杀气腾腾，因为其竞争对手（其他雄鱼）的腹部是红色的。在这种反应中，只有“下半部”和“红色”是要紧的，整体形状不像鱼都无所谓。

在研究亲鸟喂食行为的实验中，研究人员先用和雏鸟一模一样的模型确认喂食行为，然后简化成仅有头部的模型，再到仅有喙部的模型，最后放上一组摆成菱形的黄色火柴棒，结果亲鸟仍试图将食物投入其中。对实验中的鸟而言，“黄嘴”就是唯一的关键元素。

说来可悲，据说有亲鸟会在雏鸟惨遭捕食后投喂鸟巢附近池塘里的金鱼，因为金鱼的嘴巴在水面处一张一合。但这并不是因为鸟儿心地善良，**而是受了“必须往大张着的嘴里扔食物”这一念头的驱使**。当然，如果你将人类向遇到困难的同胞伸出援手的理由形容为“看到别人垂头丧气，就忍不住要拉他一把”，那倒也大差不差……

提升“适合度”才是头等大事！

哺乳动物有敏锐的嗅觉，因此仅凭外表骗过父母的法子不容易奏效。不过即便如此，正忙着养育后代的父母相对更容易接受“看着像自家孩子的东西”。认证的严谨程度，取决于犯错时造成的损失大小。

问题在于，“因为接纳了看着像自家孩子的冒牌货而蒙受损失”和“因为怀疑这不是自家的孩子而放弃养育”，采取哪种策略才能在演化之路上走得更远？除非混入冒牌货的频率很高，否则抛弃孩子的风险显然更大。因此生物会朝着“不抛弃孩子”的方向演化。

换言之，“容易接纳的父母能养大更多的孩子”，行为便会朝着这种能让“后代兴旺”的方向演化。

“能留下多少后代”，在生物学领域被称为“繁殖成效”。

这个词由“reproductive success”翻译而来，专注于“留下了多少后代”这个具体的数字。

“××是无法留下后代的，所以也无法演化”是本章中反复提及的观点。所谓演化，就是拥有某种性状的个体留下了许多后代，以至于这种性状在群体中普及开来。说得再通俗些，演化就是“留下大量有自己血统的后裔”。**这也意味着“会拉低繁殖成效的性状就无法演化”。**左右演化的正是繁殖成效。

还有一个非常接近的概念——**“适合度”**。

别被“适合”一词误导了。我们将拥有与环境高度契合的行为或性状称为“适合”。“适合度”是从“fitness”翻译过来的，可以简单粗暴地理解为“某种生物混得有多好”。

这个概念确实和环境适应[1]（对应英语中的 adaptation 或 adaptive）有着非常相似的含义，但侧重略有不同。

“适合度”看的也是后代的数量。如何衡量物种对环境的适应程度？想来想去，好像还是得看结果。于是适合度就成了衡量生物生存情况的标尺。

因此，不管你有什么性状或特征，不管你善不善良、聪不聪明，只要适合度高，就能生存下来，留下后代，逐渐演化。而适合度的高低，本质上就是繁殖成效的高低，即“有没有留下后代”。

我们甚至可以说，生物都（在不经意间）被名为“适合度”的怪物玩弄于股掌之中。有利于提高适合度的行为和性状会自动传给下一代。其余的则很有可能迎来消失的结局。

所以动物的所作所为百分百会倾向于“想方设法留下后代”。

并非是因为它们主观上想这么做，而是具有此类性状的个体能自然而然留下大量的后代，而“不惜一切代价想留下后代”的性状也会自然而然传给下一代，得以保留下来。

燕子对别家的孩子不屑一顾

上一节提到了动物的大原则——“只要能留下自己的后

1 “适合度”的日语是“適応度”，如果阅读日语，容易将这个词理解为适应，故有这句解释。

代就行”。种种动物的可怕行径也由此而来。

人们曾一度以为生物的行为以“延续物种”为宗旨，所以不会自相残杀。

此言差矣。要知道动物杀同类是常有的事，有时还会对孩子下手呢。

说起“残杀幼崽”，最出名的莫过于狮子和黑猩猩。宽吻海豚也干得出这种事。狮群由一头雄狮和数头雌狮组成。外来雄狮篡夺狮群统治权后，就有可能杀死已经出生的幼崽。因为正在抚育幼崽的雌性不会发情。只要杀死幼崽，雌性就会立即发情，生下新雄狮的孩子。

听着颇有些战国时代或是外国电视剧《权力的游戏》的味道，但这并非男尊女卑或性别歧视使然。不过是因为具有“敌视并杀害与自己没有血缘关系的孩子”这种危险性状的雄性更容易留下后代。光看文字描述，就是活脱脱的人格障碍家暴男，可要是连自己的孩子都看不顺眼，痛下杀手，就无法留下后代了，所以“只讨厌别人的孩子”这样的偏好还是有的。

若以延续物种为宗旨，那就应该抚养每个孩子，一视同仁。**但狮子会杀掉和自己没有血缘关系的孩子，这意味着狮子想留下的是自己的后代，而非别人的后代。**这也是物种延续概念被推翻的一大理由。

毕竟狮子是公认的“猛兽”，听说它们干出这种事，大家可能也不是特别惊讶。可我要是告诉你，生活在我们身边的燕子也会残杀雏鸟呢？

燕子是候鸟，每年春天飞来日本。找到了合适的地方，就会开始筑巢。

但有的时候，鸟巢跟前竟有三只或更多的燕子。那显然不是友好互助的温馨画面。其中的两只是一对，另一只则是外来插足者。不是想占领筑巢点，就是想占领鸟巢本身，或是企图夺走雌性。

跟踪狂的攻击可能会持续很久，甚至逼得人家放弃产下的蛋或雏鸟（如果目标是筑巢点，攻击方也可能是一对）。我不认为此时进攻的燕子心有算计，但最终结果有可能是原主放弃鸟巢或“分手”。届时，攻击者就有希望抢占鸟巢或雌性。

因此，如果你在燕子窝下面发现了鸟蛋或雏鸟，那就得先怀疑是意外事故，再怀疑是燕子干的。

老让乌鸦背锅可不行（笑）。

鸭子不知道孩子是不是自家的

我们经常能看到鸭妈妈带着一群小鸭子走来走去的画面。小鸭子出壳几小时后就能行走。它们会把自己第一眼看到的“会动的大型物体”（对某些种类来说，叫声也是关键元素）认作母亲。学界称之为“印记”（imprinting）。如果雏鸟是在巢中正常孵化的，它们身边的“会动的大型物体”自然就是亲鸟，所以不太会认错。

人工孵化的雏鸟则有可能将人错认成家长。

动物行为学家康拉德·洛伦茨（Konrad Lorenz）就被灰雁雏鸟认错过。他在照顾雏鸟的过程中进行了各种观察，发现当雁妈妈着实不轻松。哪怕是深更半夜，雏鸟也是每隔几小时就醒一次，发出“唧唧”的叫声。不以“嘎嘎”声回应，它们就会叫个不停，呼唤母亲。洛伦茨便在卧室床边为雏鸟做了个窝，时间久了便练就了睡着觉都能下意识“嘎嘎”叫的本事。

他还养过绿头鸭的雏鸟。不过绿头鸭要求比较高，光满足“个子大”和“会动”这两点还不够，得一边走一边模仿它们的叫声，小鸭子才会跟上。可人站起来的时候个头又太大了，小鸭子不认，所以只能一直蹲着。

刚发现其中的玄机时，洛伦茨欣喜若狂，一边模仿绿头鸭的叫声，一边带着小鸭子们在院子里打转。抬头望去，却见院墙外的街坊邻居们正一脸惊愕地看着他。他连忙看向身后，无奈足以解释一切的小鸭子们全躲进了草丛，邻居们看不见。

言归正传。小鸭子们会跟着鸭妈妈走。两位带着孩子的妈妈在半路偶遇也是常有的事。它们没有领地观念（因为有的是草可以吃，没必要为了独占某个区域大打出手），所以进食时互不干扰，完事了便各回各家。

问题是，此时雏鸟不一定会乖乖跟着亲妈走。许多雁鸭类动物会出现搞混雏鸟的情况（但也有亲鸟在雏鸟更小的时候通过叫声识别亲子，不让别家雏鸟混进来的例子）。

小鸭子有可能在机缘巧合下都跑去其中的一边，以至于

跟着鸭妈妈的小鸭子们。
“呃……好像有别家的孩子混进来了……”

鸭妈妈的小跟班比原先显著增加。举个比较极端的例子：有人观察到一只雌性普通秋沙鸭带着足足七十六只雏鸟（2018年，美国明尼苏达州）。鸭子一窝撑死也就生一打，这意味着除了亲生的，它额外带了六七个家庭的雏鸟。

“只要我的孩子能活下来就行”——站在这种逻辑的角度看，这鸭子未免也好心过头了。雏鸟太多会不会增加亲鸟的负担？会不会影响亲鸟照顾自己的孩子？所幸对鸭子而言，这两个问题并不存在。因为鸭妈妈只需要把队伍带去有食物的地方就行，孩子们会自行进食。

在这方面，鸭子和那些需要亲鸟喂食的鸟类有很大的不同。**鸭妈妈的定位像极了无须精心喂养孩子的托儿所，也就是往返的路上要多费点力气把队伍带好罢了。**

即便如此，还是有解释不通的地方。外敌逼近时，亲鸟肯定会想办法保护自己的孩子，雏鸟也会藏在母亲的肚子下面。可几十只雏鸟哪里藏得下呢？

这么算下来，替别人带孩子岂不是亏了？

说到这里，我便想到了莫名其妙多出许多蛋的鸵鸟巢。

鸵鸟把蛋产在地上，夫妻齐心守护。雌鸟一窝也就产十多个蛋，但一个窝里有几十个蛋的情况并不少见——原来多出来的蛋是其他雌鸟跑来生的。正主倒也不生气，但外来雌鸟只能把蛋产在巢的外围。位于核心区域的蛋都属于正主。

学界有一种猜测：捕食者必然从外围的蛋吃起，所以鸵鸟是把外人生的蛋用作肉盾，把自己的蛋放在中心，加以保护。那专门跑去给人生“弃子”的鸵鸟岂不是蠢到家了？据研究人员猜测，那些雌性也许是没能找到配偶，只能争取交

鸵鸟的“种内巢寄生”。
生蛋的和带孩子的，搞不好都一样懒……

配机会，不惜一切代价留下自己的后代。

外围的蛋确实容易遭殃，但留下那么一两个的机会还是有的。只要把蛋分别产在若干个巢，说不定有一处能幸免于难呢。

如此想来，那些带着别家雏鸟的鸭妈妈搞不好也有同样骇人的逻辑——“有这么多弃子顶着，我的亲骨肉就更有希望活下来了”。

也有人认为，种内巢寄生现象较为常见的物种更有可能混淆雏鸟。所谓种内巢寄生，就是“在同种的巢中产下自己的蛋”，正如之前提到的鸵鸟。乍看有些“让别人带孩子，自己偷懒享福”的意思，可要是大家都这么干，就意味着自己巢里八成也有别人下的蛋，所以到头来花费的精力也差不了多少。

既然种内巢寄生已成常态，“我窝里的崽必然是我亲生的”这一条就不成立了，有可能是混了别家的孩子。带着这么一窝雏鸟到处跑，半路上和别家的搞混了也无所谓，反正换来换去都不是亲生的。

而且邻居带着的那群雏鸟里，搞不好有一两只是自己生的呢！在这种情况下，“亲骨肉”的概念必然会土崩瓦解。不分你我，统统混在一起养也是在所难免。

所以我甚至觉得，鸭子连别家的孩子都肯带，其实是因为它们太懒，而不是善良所致。不过嘛，这份豁达确实有值得人类学习的部分。

还有一种观点认为，亲鸟之间的血缘越近，雏鸟就越有可能混淆。这也是之前提到的适合度所致。血缘近意味着相互之间有亲戚关系，对方很可能携带与自己相同的基因，而帮自己的亲戚带孩子，就是在间接增加自己的后代。

巢寄生是一门艺术

说起“种内巢寄生”，有这种行为的鸟类在全球范围内并不罕见。日本的紫背椋鸟也会这招。

种内巢寄生是风险较低的巢寄生方式。毕竟双方同种，孵化时间、巢的结构、育雏方法和食谱都一样。要是双方不同种，天知道宿主会不会好好喂养。万一养育时间相差极大，或者食物完全不同，那就不妙了。

话说印度曾发现过两个与狼群共生的女童，分别叫卡玛拉（Kamala）和阿玛拉（Amala）,但这个案例可谓疑点重重。1920 年，在印度开办孤儿院的牧师辛格（Singh）收留了这两个孩子。牧师声称她们是被狼群养育过的弃儿，因为她们以四肢步行，也不会说话。但后续研究表明，这个故事可能含有大量的虚构成分。毕竟狼的乳汁成分和食性不同于人类，而且狼的生长速度和活动能力也与人相差甚远，说孩子是狼养大的着实牵强。

学界认为巢寄生在若干分类单元中反复发生，并逐渐演化。最开始应该是种内巢寄生。在这种情况下，宿主自己也会筑巢下蛋，抚育雏鸟。然而，限制“可以养育的雏鸟数量”的往往不是“产蛋数”，而是“食物的投喂量”。事实上，鸟类产下的蛋往往比其养育能力的极限多出那么一两个。这是一种碰运气的赌徒心态：“万一特别走运，全都养大了呢？”

既然如此，何不在好几个鸟巢里下蛋，增加成功的概率？也许这就是种内巢寄生的起源。**此举似乎也有“将蛋提前分散开，以免在遭遇捕食者时全军覆没”的含义，相当于分散投资、风险对冲。**

渐渐地，频繁进行种内巢寄生的鸟类发展出了新的策略：“何必盯着同种的巢呢？多找些地方生蛋不是更保险？”种间巢寄生由此而来。分布于中南美洲的霸鹟科鸟类既会自己筑巢，也会搞种内和种间巢寄生，许是处于过渡状态。

杜鹃科堪称巢寄生的极致。它们不营巢，不孵卵，把交配产卵之后的所有工作（照料卵和雏鸟）统统甩给宿主。

大杜鹃平时生活在森林中，只在产卵时来到草原，四处寻找东方大苇莺等宿主。雌性大杜鹃似乎对宿主观察得细致入微，卡在宿主开始产卵的时候动手。趁宿主不在时移走巢中的一颗蛋，自己生一个取而代之。

大杜鹃的泄殖腔（鸟类的排泄物和卵走的是同一个出口，因此称“泄殖腔”）可以伸长，停在鸟巢边缘也能将卵产入巢中。毕竟大杜鹃和鸽子差不多大，而宿主东方大苇莺比栗耳短脚鹎还小，体长不过大杜鹃的百分之七十，所以大杜鹃很难坐进它们的巢里。

更具艺术性的还在后头，说大杜鹃的巢寄生具备出神入化的技巧都不为过。

首先，大杜鹃的卵相对于体形而言偏小。一方面是为了迎合宿主，一方面则是基于“既然把后期育雏工作都甩给了别人，那就尽可能多下蛋”的思路。卵的颜色图案也与宿主的高度相似。相似度非常重要，因为宿主一旦识破，就会遗弃那个蛋，甚至整窝弃养。

大杜鹃的孵化时间只比宿主的略早一些，但刚破壳的雏鸟做的第一件事，就是摇摇晃晃地背朝外绕巢一周，将所有触及其背部的东西都推出去。这种行为的原型可能是许多鸟类的雏鸟共通的（推出粪便和蛋壳，保持巢内卫生），只是大杜鹃的雏鸟做得格外彻底。它们会这样杀尽其他即将孵化的卵，只留自己这根独苗，霸占宿主的巢。

于是乎，足以养大四五只雏鸟的食物都进了大杜鹃雏鸟的肚子里，养出一只比亲鸟还大的雏鸟来。然而亲鸟被“在自己的巢里”和“张开黄嘴讨吃的”这两种刺激牵着鼻子走，坚持喂养。等时机成熟了，大杜鹃便会离巢生活，一走了之。

大杜鹃奸邪狡诈？

从某种角度看，这确实是一种极其卑劣的繁殖方法。但这种方法也是危机四伏，直教人联想到寄生虫的生活史。**万一宿主在某个阶段识破大杜鹃的伎俩，那就是死路一条。**

杜鹃科等巢寄生鸟类的卵往往和宿主高度相似。因为宿主也会努力识别冒牌货，要是两种蛋长得完全不一样，肯定会瞬间露馅。也许起初是“大致相似”就足够了。但在这种情况下，只有鉴别能力强（有眼力）的宿主才能驱逐冒牌货，这意味着只有这类鸟的后代才能存活下来，因此鉴别能力也会随之提升演化。

与此同时，宿主的卵应该也演化出了有利于鉴别的独特图案。这种情况下杜鹃必须立刻跟进，不然等待着它们的就是灭绝的危险，所以它们也会朝着“生出和宿主相似的蛋”的方向演化。围绕卵拟态与鉴别能力的军备竞赛就此打响。

被作为宿主的亲鸟也记住了杜鹃的模样，开始激烈驱赶它们。眼看着竞争日趋白热化，杜鹃们终于使出了禁忌的杀招——

换一种宿主。

以大杜鹃为例。大杜鹃的宿主一直都是东方大苇莺。然而东方大苇莺的警惕性变得越来越高，同时，适合它们生存的芦苇地也越来越少了，这都增加了大杜鹃的繁殖难度。因此近来有人在长野县周边观察到，大杜鹃将目标转向了灰喜鹊。

听说连埼玉县的郊外都传出了大杜鹃的叫声，虽说离狭山丘陵很近，但也是不折不扣的住宅区。因为那里有灰喜鹊。灰喜鹊成为宿主的时间不长，还没开发出高明的对策，因此大杜鹃能取得暂时性的胜利。

大杜鹃确实不会自行育雏，但它们为不育雏夯实了各项基础，可谓竭尽全力，颇有几分“与其煞费苦心构思作弊的方法，不如把时间用在学习上”的讽刺意味。

雌性大杜鹃不用育雏，因此省下来的精力可全部投入产卵，一季的产卵量相当可观。小鸟的蛋和雏鸟很容易被捕食，但大杜鹃对此无能为力。它们只能祈祷宿主的悉心呵护。另外，宿主一旦发现卵是冒牌货，说不定会直接抛弃一整窝。为孩子相中的养父养母，其实本身也是敌人。

如此长大的雏鸟没有机会与亲生父母相认，也无法随亲鸟学习。它们只会在基因的指引下向南迁徙，在第二年初夏回到日本，唱着“布谷布谷”，四处寻找宿主。

用“奸诈狡猾”来概括它们冷酷而精致的活法，未免也过于草率了。

6

“懒惰”vs“勤劳”

树懒在背上勤勤恳恳养苔藓

树懒也在“拼命”度日

其实“静止不动”也绝非易事。

上大学的时候，我听过一场关于大猩猩的讲座，主讲人是山极寿一[1]老师。他说“大猩猩不会平白无故地乱动”，还说“人一会儿摸摸头发，一会儿换条腿跷跷，一刻都不消停”。还真是，就在听他说这几句话的几十秒里，我确实是不停地点头、歪头、摸头发。看来人就喜欢动个不停。就算没到“自我表现”的地步吧，也总忍不住要向别人传达自己的态度和心境。

猫则不然，静下来的时候就是纹丝不动。狗好歹会抬头晃尾，试图向周围传达信息。这可能是因为狗是社会性动物，

1 毕业于京都大学理学系，曾任京都大学校长，专攻灵长类学，在大猩猩的研究上颇有建树。

而家猫的祖先是独居的阿比西尼亚猫，用不着告诉对方“我现在心情很好”或者“我在认真听你说话”。

不过大猩猩是正儿八经的群居动物，也有社会性。莫非它们能通过微弱的信号交流，无须大幅活动？

总而言之，**“动不动”取决于动物的生活史（生活方式）**。世上确实有几乎不动的动物。

大家最先想到的肯定是树懒。

一动不动是树懒生命的主旋律。**靠“不动”让人误以为它们不是动物——它们以这种惊人的策略存续至今。**此外，由于树懒生活在树上，许多动物压根没法接近它们。据说在距今一百万年前，也有生活在地面的巨型树懒，天知道它们过的是什么日子。

顺便一提，树懒游起泳来可比走路快多了。南美丛林在雨季时可能被水淹。在这种情况下，树懒会张开四肢，巧妙地游去边上的树。

树懒有三趾和二趾之分，而三趾树懒在“不动”这方面做到了极致。由于它们动得太少，体毛上都长出了苔藓，这一身绿便成了绝佳的保护色。除了树叶，它们还以自己身上的苔藓为食。它们的体毛上有沟槽，有利于苔藓的生长。

更绝的是，有种飞蛾就喜欢定居在这种苔藓上。树懒大约每周下到地面排泄一次，飞蛾便将卵产在树懒的粪便中，幼虫在粪便中茁壮成长，羽化后再飞到空中，转移到树懒身上。飞蛾还会停在树懒身上排便，滋养苔藓，助树懒“一粪之力”。

这种以“不动”为前提的共生关系着实匪夷所思。二趾树懒也是食草动物，但食谱略丰富些，不必干出“在自己背上种苔藓吃”这等惊世骇俗之事。

懒成这样还能好好进食吗？其实“不动”意味着“消耗的能量少”。但它们具有内温性（就是人们常说的恒温动物）[1]，需要自行发热。

人类用于“活动”的热量也不过是摄入量的三分之一左右，所以“不动”并不意味着“啥也不用吃”。除了将能耗降低到极致，还要满足多项高难度条件（比如置身气温较高的热带、触手可及的范围内一年到头都有能吃的树叶），否则就难以维系。

静候机遇 or 四处觅食

苍鹭和夜鹭也是“不动”的典范。

鹭有两种策略：要么四处走动，积极觅食；要么静止不动，静候猎物从眼前经过。哪种情况更常见取决于种，好比白鹭就是动多于静。它们有一门绝活——将黄色的脚尖插入水中，微微颤动或轻踏水底，把猎物赶出来以后伺机捕食。换句话说，主动出击是它们更常见的行为模式。牛背鹭和中白鹭往

1　内温性（endothermy）指主要以自身代谢产热维持体温的性质，以维持体温的热量是来自内部还是外部环境作为区分的标准。不是所有具有内温性的动物都是恒温动物。

往也是在草原上行走时搜寻昆虫。

苍鹭和夜鹭却是彻头彻尾的“伏击型”猎手。

苍鹭是一种大型鹭，脖子很长，整体呈灰色。夜鹭则是浅灰色的，背上带点黑（准确地说是带蓝调的暗灰色），脖子和其他鹭相比着实不算长，缩着脑袋的时候仿佛没有脖子，不过伸展开的时候还是有一定长度的。

它们也不是从不走来走去找吃的，但站在水边纹丝不动的时间要多得多。一旦有猎物接近，苍鹭便会悄悄伸长脖子瞧一瞧，然后将脖子弯曲成S形，做好“发射”头部的准备。如果猎物没有进入射程，苍鹭便会缓缓恢复原状，继续等待。

苍鹭的绝对静止有多出神入化呢？据说停在京都圆山公园池塘边的苍鹭突然起飞时，周围的游客一片哗然——“原来那不是摆件啊！”

长时间纹丝不动也是常有的事。还记得有一次在京都的鸭川观察红嘴鸥时，我们忽然听见一声“啾啊——”。只见一只苍鹭飞了过来。它落在河边，走了几步找好位置，便进入了等待模式。

我们把苍鹭忘得一干二净，一门心思观察红嘴鸥。但每次将视线投向那个方向，都能看到它站在同一个地方，保持着同样的姿势。一小时后，苍鹭又突然叫了一声，拍拍翅膀飞走了。我当然没有全程盯着它看，但不难想象它那段时间应该是啥都没干。

鹭的两种策略对比鲜明，不过爱好钓鱼和打猎的朋友应该很容易理解。**无论是找准位置、静候良机，还是四处走动、**

反复制造机会，都是有效的策略。

当然，两者各有优劣。要是位置没选对，等一整天也是白搭。要是跟无头苍蝇似的乱动，把猎物冲散了，那也是白费力气。该选哪种策略，也取决于“抓什么”和“怎么抓”。如果是“接二连三吃小猎物”，那么四处走动也许会更好。如果是“一只大猎物足矣”，也许就是耐心等待效果更佳了。

事实上，苍鹭长了一张大嘴，能吞下相当大的猎物。我亲眼见过苍鹭一口吞下一条足有二十多厘米长的日本白鲫（相对于体长而言，这种鱼的体高较高，照理说是很难吞的）。不仅如此，苍鹭还会站在田间小路等老鼠出洞。别说老鼠了，

苍鹭纹丝不动，被游客错当成了摆件。
怎样才能静止到这个地步呢？

只要条件允许，它们连小鸟都会整个吞下。我甚至在网上看到过苍鹭试图吞下兔子的照片（不过网上的图片不保真，需要用心辨别）。

换句话说，**苍鹭的“静止能力”和“大嘴”等元素一样，都是支持其觅食策略的功能**。

另一种远近闻名的“不动之鸟”鲸头鹳也是伏击型猎手。但一位在非洲见过野生鲸头鹳的朋友表示：“它们动得还挺频繁的啊？”看来是只有动物园里的才纹丝不动。反正有人定期投喂，而且饲养员不来，也找不到别的食物，动了也是白动。

非洲的野生鲸头鹳会在水边伏击肺鱼，等待鱼在浑水中游动或浮上水面呼吸的时刻。一旦锁定猎物的位置，它们便会用那巨大的喙一鼓作气把鱼叼起来。

猛禽不上天就一动不动？！

其实猛禽也是静多于动。没想到吧？

人目击到猛禽的时候，往往是它们翱翔天际的时候。猛禽不会在人的近处飞，不过在它们飞行时抬头望去，哪怕离得再远，好歹也能看到个小黑点。但它们不是一整天都在天上飞着，停在枝头的时间也不少。而且在此期间，它们是真的纹丝不动。

猛禽只在移动或巡逻觅食时上天。停在树枝上的时候，它们要么在休息，要么在静候猎物。

猛禽可以展翅滑行，能耗应该比扇动翅膀飞行低不少。

不过猛禽的捕猎成功率比较低。我们很难确定它们在野外的觅食量，但鉴于它们经常有囤积食物的行为，很难想象它们能保证“每天都打到猎物”。

此外，猛禽的耐饥饿能力普遍较强。鸟类的基础代谢高得吓人，能量消耗的速度非常快。因此它们需要不断进食，否则就会一命呜呼。但猛禽似乎可以“多吃点攒着”。

话说当年做兼职野外调查员的时候，有位调查公司的员工说他很会找静止状态的猛禽。我问他有什么诀窍，他让我先环视周围的天空，再扫视山坡，寻找白点。因为苍鹰之类的猛禽可能停在树上，把白色的腹部对着你。

我觉得很有道理，便实践了一下，可我找到的白点不是反光的树叶，就是透过枝叶的缝隙露出来的天空，最后只成功了一次，真找到了苍鹰。

只见它面朝左停在树枝上，跟雕塑似的一动不动，天知道在那儿待了多久。用望远镜盯着看了十五分钟，我的肩膀都开始酸痛了。二十分钟过去，它仍是岿然不动。又过了一阵子，它总算是动了！头转去了右边。接下来的十分钟又是一动不动。看着看着，我还以为它张开了翅膀，可仔细一瞧，原来是羽毛被风吹了起来。

就在我快失去耐心的时候，苍鹰突然踢了一下树枝，毫无征兆地展开翅膀，以惊人的速度朝我这边滑翔。到达我坐着的池塘岸边后，它在大约五米高的半空翻转半圈，折起翅膀，朝水面上的绿翅鸭俯冲而去。

刹那间，鸭子们仓皇逃窜，溅起无数水花。苍鹰的第一次攻击以失败告终。它回到空中，再次俯冲掠过水面。可惜之后的几次尝试都没有成功。一眨眼的工夫，鸭子们就逃进了伸出水面的枯草丛中。苍鹰拍了拍翅膀，升上高空，飞越山脊，扬长而去。

猛禽的“狩猎”就是如此。等待时间很长，实际行动却不过短短的数十秒。跟人类钓鱼有着异曲同工之妙。

所以对它们而言，在狩猎之外的时间贯彻“节能”二字才是明智之举。动物园里的猛禽十有八九也跟雕塑一样纹丝不动，这就是最好的证据。熊、狼等猛兽就不一样了，哪怕笼舍很小，它们也会走来走去。再者，猛禽若不保持静止，猎物就会发现它们的位置，影响捕食成功率。

蜂鸟睡得死沉

“既然动了会饿，那就别动了”——这是爬行动物和两栖动物坚持贯彻的原则。它们具有外温性，靠外部环境获得热能，所以不需要耗能维持体温。这也意味着只要它们不动（也不把营养用于生长和繁殖），就可以吃得非常少。

圈养的蛇经常不吃东西，甚至有绝食十一个月之久的例子。这当然是特例，但几个月不吃东西好像并不罕见。蛇类总体上也属于“伏击者”，不会胡乱游荡。

可要是明确知道食物的位置，那就得另当别论了。我就见过日本锦蛇顶着烈日游到河对岸，在沙洲上徘徊的景象，那可能是因为它知道沙洲上有很多鸻[1]的巢(蛇记得哪里食物多、何时有的吃)。不确定要去的地方有没有食物，就不会浪费精力。

从这个角度看，两栖动物和爬行动物以冬眠熬过不适合活动的时期倒是非常合理。因为昆虫和蛙类在冬季也不太出没，蛇没什么东西可吃。而且蛇自己也会因为体温下降无法自如活动。

在这种状态下跑出去也是白搭。哪怕猎物就在眼前，也没力气发起进攻。就算运气好吃上了东西，也无法顺利消化。因为消化也要动用能量，还得提升体温，让消化酶和肌肉发挥应有的作用。要是碰上在寒冷的环境下也能活动的敌人(如哺乳类和鸟类)，那就只能等死了。

“逆境之下更要努力拼搏！”“关键时刻更要展现实力！”人类就爱喊这样的口号，但外温动物碰到这种束手无策的情况就会迅速放弃，睡个大觉，静候春天的到来。

内温动物蜂鸟则与之形成了鲜明的对比。由于它们非常活跃，一天吃到晚都不够用。

蜂鸟体形极小，体重基本上都不到十克。最小的吸蜜蜂鸟更是只有三克左右。一日元硬币刚好是一克。哪怕三枚叠在一起，还是轻得可以忽略不计。稍大的红喉北蜂鸟也就五

1　鸻科部分鸟类的统称，多在靠近水的区域活动，头圆、眼睛大、喙短，羽色平淡不显眼。

克而已。

蜂鸟虽小,能耗却高得可怕。问题就出在极端小的体形上。

体形较大的动物是“表面积相对于体积来说较小”。因为体积与体长的三次方成正比，表面积却只会相应地翻一番。如果体长变为原来的两倍，体积就会变为原来的八倍，但面积只是原来的四倍而已。这意味着用于散热的表面积，其增幅不如热量本身的增幅大。

这和“浴缸里的水不容易凉”是一个道理，个头大的动物热量更不容易流失。正因为如此，同种或同属的动物往往是栖息在寒冷地带的个体更大。

反之，蜂鸟这种极小的动物就很容易流失热量。所以它们必须不断消化食物，将其转化为热量。这意味着它们需要不停地吃易消化的食物。

于是乎，蜂鸟相中了花蜜。可蜂鸟虽轻，还是比昆虫重了不少，很难停在花上。因此它们选择了“悬停在半空中，只把喙插入花中吸食花蜜”这条路。法子倒是不错，但有一个问题：就连在进食的时候，它们也必须高频（每秒数十次）拍打翅膀。

要是为了减少散热增大身体，就需要大量的食物来支撑庞大的身躯（效率会变高，但绝对量也更高了），够它们插入鸟喙的大号花朵也会相应变少，而且悬停所需的能耗也更大。但要是放弃悬停，减少能耗，那就无法觅食了。

为了补足热量不断进食，为了持续进食不断拍打翅膀，为了有动力拍打翅膀吃更多的东西……真是形成了完美闭

悬停的蜂鸟看似优雅，其实如履薄冰。
必须吃个不停，否则就是死路一条。

环。不，实际情况要糟糕得多。即使蜂鸟从早吃到晚，如果气温和食物条件不凑巧，就无法满足它们的需求。

于是蜂鸟另辟蹊径，在夜间休眠时大幅降低体温，将新陈代谢维持在较低的水准，以减少能耗。换句话说，**它们明明是鸟，却过着夜夜“冬眠”的生活**。

研究人员发现，北美的弱夜鹰会在气温和食物条件恶化时进入休眠状态（冬眠）。在南极繁殖的帝企鹅站着孵蛋时也会降低新陈代谢，绝食数月之久（孵化期约两个月，但它们向繁殖地迁徙时就会绝食，前前后后算下来就不止两个月了）。所以也不是没有鸟靠降低新陈代谢节能。

但通过每天休眠拼命节能，靠走钢丝似的方法平衡收支的也就蜂鸟了。**它们过着两种极端的生活，白天忙得不可开交，晚上则进入完全休止的状态。**

鸟为什么吃得急

有些鸟则是动个不停。

鸟类往往需要高频进食。因为它们会飞，能耗极大，再加上体形较小，热量容易流失。而且它们的体重受飞行所限，也不能狂吃一顿攒着。据说大胃王一次能吃好几千克，可鸟没法这么干，否则就飞不起来了。鹭和猛禽那样“饱餐一顿后绝食一段时间”的反而比较罕见。

仔细观察鹟等小鸟，你就会发现它们只会在同一根树枝上停留几分钟。而且在此期间，它们也会时不时转个身，叫两下。来到枝头的北长尾山雀几乎是每秒都会调整位置和姿势，想拍张照都难。小鸟的静止时间短得出奇，总是一刻不停地找吃的。

这也是鲜有食叶鸟类的原因所在。叶子的热量很低，要想有效利用，就得借助微生物，甚至通过反刍消化。这意味着它们必须在“长时间带着一肚子食物”的状态下行动。

鸭子倒是吃叶子，但那是因为它们有发达的盲肠和厚墩墩的肚子，还有“逃往水面”这个绝招可用。就算因为身体太重无法飞行，待在水面等待消化也能保障安全。实在要飞，踢水面助跑就是了。

但大多数“普通”鸟类走不了这条路，**必须吃更好消化的高热量食物，以果实和昆虫为主**。

这些鸟的觅食动作几乎以秒为单位。例如，大嘴乌鸦每分钟能吃掉十多颗樱花树结的果子。当然，它们也不是全天都以这种速度进食，但总体来说吃得相当急。但人一边看电视上的电影频道一边吃爆米花时，差不多也是这个速度，所以也还好吧。

而体形更小的鸟显然会吃得更“着急”一些。乌鸦可以一下子吃很多富有营养的食物（要是捡到了烤红薯或汉堡包，那就撞大运了），也可以把食物藏在各处，囤积起来。相较之下，得一只只抓虫吃的鸟就辛苦多了。

在水边觅食的滨鸟每分钟啄食数十次是常有的事。当然，它们也不是每次都能命中，所以啄的次数不等于吃到的次数。不过就算命中率只有百分之五十，那也是每隔几秒就吃上一口。

它们在忙着吃什么呢？我在河边调查时发现，大多数鸻吃的是体长不过数毫米的摇蚊、石蛾幼虫。除此之外，它们应该也吃蚯蚓和陆生昆虫，但这些食物都非常小。每只猎物能提供的热量寥寥无几，只能想办法多吃几只，否则无论如何都不够用。

据一项经典研究估算，在冬季的苏格兰（当然很冷）生活的小鸟的觅食速度是“每秒一只”。我也估算过鸻的食量，假设它们每天花十二小时觅食，也得保证每四十秒吃上一只

（具体取决于猎物的大小），否则就支撑不住了。

当然，实际情况取决于猎物的大小和密度，我也不确定这个数字是否精确，但“几分钟一只”肯定是不够的。

最近的研究结果显示，鸻鹬类也会吃些藻类。它们觅食的水边常有藻类生长，水中也有细丝海带似的漂浮在水中的藻类，还有些附着在泥土表面。鸻鹬类的胃里总能找到藻类植物，而且它们似乎能妥善消化藻类，将其化作营养。

与其说鸻鹬类是在特意吃藻类，倒不如说它们大概只是在吃小动物的时候顺便吃了几口，但藻类显然也成了它们的动力源。**就好像吃炸猪排的时候要搭配点卷心菜丝，不过营养更好的大概还是“荤菜”。**

拼命三郎与搭顺风车在蚂蚁社会

说起勤劳的动物，大家最先想到的肯定是蜜蜂和蚂蚁。毕竟“工蚁”一词早已超越了生物学的范畴，成了工作狂的代名词。

但有研究结果显示，工蚁也不是个个都勤劳肯干。两成的工蚁不干活，两成的工蚁认真工作，其余六成无功无过，这就是所谓的“工蚁法则”（262 法则）。简而言之，工作表现普普通通的占了一半多，剩下的则是两个极端。大家不觉得这组数字很符合职场的现状吗？

有趣的是，即使拿掉偷懒的，只留会干活的，最后还是会发展成 2∶6∶2 的比例。反之，要是把不干活的蚂蚁集中到一起，其中的两成就会变得勤奋，六成还凑合，剩下的两成还是混吃等死，2∶6∶2 依然不变。

上学时，我在实践课上观察过蚂蚁，发现蚂蚁确实会歇着不干活，或者一门心思清洁自己。而且**有些个体一直在偷懒，有些个体则一直忙忙碌碌**。可惜当时没计算每种情况的占比。

顺便一提，实践课上观察的是养在盒子里的蚂蚁。蚂蚁身上有点状记号，以记号的位置和组合代表数字，原理和盲文差不多。

胸部左上角有点是 1，右上角有点是 2。左下角是 4，右下角则是 8。单靠这四种点就能组合出 1 到 9。除了 1、2、4 和 8，左上和右上都有点就是“1+2”，代表 3。左上和左下都有点就是“1+4”，代表 5。右上和左下都有点就是“2+4”，代表 6。左上、右上和左下有点是“1+2+4”，代表 7。左上和右下有点是“1+8”，代表 9。规定胸部代表十位，腹部代表个位（比如“胸部是 3，腹部是 5，合起来代表 35”），就能全方位覆盖 1 到 99。听着怪麻烦的，但总比在蚂蚁身上写蝇头小字再想办法读出来方便。

我们像这样给蚂蚁编号，记录“几号蚂蚁在做什么”，每五分钟扫描采样一次（检查每只蚂蚁当时的行为）。蚂蚁共有五十只左右。“呃……胸部是 3，腹部是 6……不对，是 7……”起初光认数就要花五分钟，逼得我和搭档拼命操练，终于熟练到了“记录完以后还能歇一会儿再开始下一轮采样”的地步。

耐人寻味的是，蚂蚁的日龄和它们的工作地点之间有着明显的联系。年轻的蚂蚁做内勤工作，照顾幼虫和卵。稍老一些的蚂蚁仍在巢内，但待在外侧的时间变多了。而外出采集食物的是最年长的个体。为什么？因为外面更危险。“派老手去危险的地方更稳妥”可能也是一方面的原因吧，但还有一个更无情露骨的解释。

给个提示好了。谁都不舍得穿新衣服干脏活，但破旧的衣服就无所谓了。反正都是要扔掉的，脏了、破了也不心疼。

工蚁的冷酷无情也是如此。说白了就是“外出工作更容易死，派寿命所剩无几的去也不心疼”。**蚂蚁的世界竟残酷如斯，把公司里的拼命三郎比喻成工蚁倒也是恰如其分。**

话说工蚁辛勤工作而不繁殖的原因是“蚁群中的所有个体都是蚁后的后代”，大家都是血亲。这意味着帮蚁后养育后代，就是间接留下了自己的亲属。说得严谨一点，有些蚂蚁确实是“工蚁只要有心也能自己产卵”，但典型的真社会性（存在繁殖阶级和分工的）蚂蚁不属于这种情况。

不过研究人员发现，确实有一小撮工蚁只会搭便车，完全不干活。照理说这样的个体对蚁群是多余的，没有它们才更繁荣。**但蚂蚁至今留有一定数量的搭便车个体，这个事实意味着有某种力量试图将这类个体保留下来。**站在进化论的角度来看，这是个非常有趣的研究课题，只是学界还不清楚背后的原因。

最后再介绍一下裸鼹鼠。有些裸鼹鼠看似没在干活，其实也发挥着自己的作用。裸鼹鼠是极少数真社会性哺乳动物之一。工鼠的任务之一是躺在地上，给幼鼠当褥子。它们在巢穴中叠着睡，不然幼鼠就会因寒冷变得虚弱。

裸鼹鼠还有集结起来对付蛇等外敌的“兵鼠”，但它们的战斗力低得可怜，基本没有还手之力。从结果看，**给蛇垫肚子就是它们存在的意义**。有兵鼠挺身而出，巢穴深处就不会遭殃。换句话说，它们不是士兵，而是用来送死的牺牲品。

“舍小我为大我”到这个份儿上实在是有些过火，但地球上存在这样的动物也是不争的事实。

裸鼹鼠分工明确。
是当褥子，还是当炮灰……

7

“强大” vs “弱小”

蝙蝠的飞行能力堪比战斗机

河马才是非洲第一猛兽

人类对“最强”二字全无抵抗力。锦标赛、世界大赛、奥运会……角逐“最强”宝座的赛事层出不穷。“最强灵长类女子”吉田沙保里[1]也是天天上电视。虽说“最强灵长类”这个称号得打个问号（可别低估了黑猩猩和大猩猩的握力和臂力），但我们的吉田大姐头就是天下第一，不接受反驳。

“谁更强”永远是孩子圈里的热点话题。不过仔细想想，“在什么条件下、以什么方式赢”才算“强”其实是很难定义的。动物界没有比赛规则，也不算分数，更不存在一本、技有[2]之说。极端情况下甚至可以东躲西逃，硬生生耗死对方。

当然啦，这就有点诡辩的成分了。严格意义上的“强大”，

1 女子自由式摔跤运动员，2004年、2008年和2012年三届奥运会金牌获得者。

2 一本、技有都是柔道比赛中评判技术、用于计分的术语。

应该是“强到让对手失去斗志，无法战斗”的意思。

说起动物界的强者，大家最先想到的必然是狮子、老虎、大象、熊和虎鲸。如果算上耐力和绝对质量，大象怕是首屈一指。不过论爆发力，狮子和老虎也不容小觑。

熊也很可怕，不过按俄罗斯人的说法，“棕熊在我们这儿被一拳打死也是常有的事”。别误会啊，打熊的是东北虎，可不是他们国家的总统。虎鲸的战场仅限水下，但捕食噬人鲨不成问题。淡水中的大型鳄鱼也不是善茬。

但众所周知，在野生动物的天堂——非洲，最可怕的动物既不是狮子也不是大象，而是河马。别看河马长得憨厚老实，人家的领地意识可是很强的，带着孩子的母河马更是不能惹。夜里上岸吃草后准备返回河里的河马尤其危险。

一位在非洲研究动物的朋友告诉我，他在河边观察时总会派一个人盯着身后。万一挡住了河马的去路，又没有及时发现，那可就太危险了。甚至有报道称，每年足有五百人死于河马袭击。

上面提到的动物确实强大得很，赤手空拳的人碰上哪个都只能自求多福。虽然我也在走访调查中听说过“用过肩摔打跑亚洲黑熊”之类的英勇事迹，但那些人不过是因为黑熊受惊逃跑才捡回了一条小命。若是动真格地单挑，人类绝无胜算。

作家小松左京在一篇随笔中提到了他与自家小猫的一场恶战。据说他回过神来的时候，发现自己左手举着坐垫当盾牌，右手拿着吸尘器的管子，全身都挂了彩。**普通人是不会**

为打架“拼命”的，论狠劲可比动物差远了。

“强弱”是相对的

连小猫咪都能对手无寸铁的人类构成足够的威胁，棕熊能一巴掌拍死人，却也会沦为老虎的吃食（不过对老虎而言，熊应该也不是什么好对付的猎物）。是强是弱，取决于你面对的是谁。

研究深海生物的朋友告诉我，深海底部也栖息着形形色色的生物。海底终年不见天日，所以没有物质生产的基础。要是有海底水热矿床喷出含有矿物质的温水，为化能合成细菌提供原料，那情况还算是好的，条件一般的海底只能靠上层沉下来的有机物。

生活在这种世界里的动物大多非常小。因为海底没有足以维持庞大身躯的营养，生长速度也很缓慢。环境几乎一成不变，单靠生活在那里的动物就能形成一套完整的生态系统，唯有时间在静静流逝。

但海底偶尔也会迎来环境剧变的时刻，好比长约十厘米的海参经过时。海参会在移动的同时搅动泥沙，吸收其中的有机物，将粪便（主要是过滤后的泥沙）留在身后。

对构成海底小世界的生物而言，这无异于翻天覆地的巨变。有机物层一旦被搅乱，沉积物和细菌的分布就会发生变化，含氧量也会有波动。对只有几毫米大的生物来说，“海参卷走有机物”和“留下过滤掉有机物的泥沙”都堪称巨变。

麻雀用餐图。
正忙着摔打富含营养的青虫。

放在人类社会，就是“泥石流席卷村庄”。

见乌鸦吃其他鸟类的雏鸟，人类难免会同情弱者，直呼“好可怜啊”。可站在虫子的角度看，小鸟不也是地狱的使者吗？**麻雀兴高采烈地将自己叼着的青虫一下下摔在马路或树枝上的景象告诉我们，动物不可能永保无辜，总得想办法填饱肚子。**

如果我是那条青虫……一想到这儿，我便不寒而栗。但人类不容易对青虫共情，还是觉得麻雀可爱。**麻雀和乌鸦也就这点区别了。**

话说麻雀会把青虫摔烂，只吃柔软的“馅”。考虑到雏鸟长得飞快，喂有营养又好消化的青虫（有时是只喂“馅”）

确实很合理，但我实在不想把自己代入青虫那一方……

蝙蝠比鸟弱?

日本有句老话叫“村中无飞鸟,蝙蝠称大王”,意思是“没有能人，普通货色都敢招摇过市”。换言之，这句话的前提是“鸟才是空中霸主，蝙蝠根本排不上号”。

要我说啊，这前提显然是不合理的。

蝙蝠飞起来好像确实不如鸟类那般行云流水。但是请大家仔细想想：首先，我们看到蝙蝠飞翔的机会本来就很少，最多不过是在傍晚时分扫到几眼东亚伏翼在村落附近飞舞时留下的残影。

其次，大家有没有仔细观察过蝙蝠的飞行方式？用视线追踪一只胡乱拍打翅膀、飘来荡去的蝙蝠可不容易。虽然蝙蝠的飞行效率得打个问号，但其堪比杂技的飞行能力是毋庸置疑的强大。

事实上，它们可以利用短小的躯干实现极小的回转半径。在半空中以赛车漂移之势转向，叠起翅膀旋转俯冲，调整高度的速度之快直教人眼花缭乱。没有一刻是稳定的，但无论猎物怎么动，都一定能追上——这便是蝙蝠的飞行思路。

现代喷气式战斗机刻意采用了静不稳定的设计。换言之，姿态一旦偏移，就会朝着偏移的方向不断发展，而不会自然复原。因为人们想利用这种“放开操纵杆就飞不直”的不稳定性提升战斗机的机动性（不过在这种状态下，没有飞行控制计算机的干预就很难飞出直线）。

如此看来，我们完全可以说**蝙蝠那飘忽不定的飞行方式与最先进的战斗机有着异曲同工之妙**。

众所周知，蝙蝠会发射超声波，并通过其反射情况来寻找昆虫，人称“回声定位”（echolocation）。但蝙蝠的本领不止于此。它们还能通过反射回来的声波的频率变化判断出猎物离自己是越来越近还是越来越远，并通过反射的强度判断猎物的大小，做出诸如“优先追那个大家伙”的决策。

换言之，**它们可以监控空域，摸清猎物的身份和动向，进而锁定目标，和战斗机配备的雷达有一拼**。

宽耳犬吻蝠和墨西哥兔唇蝠可以探测到鱼游动时造成的水波，用脚抓走水面下的鱼。这性能堪比反潜巡逻机。鉴于蝙蝠是在能见度较低的夜间觅食，其探测能力和飞行能力着实令人惊叹。也许蝙蝠在最高时速、飞行高度等方面略有不足，但说到“飞行技巧”，它们比起鸟类是毫不逊色的。

有反侦察能力的飞蛾

大家可别忘了，脊椎动物里可以振翅飞行的就只有鸟类和蝙蝠。把范围扩大到无脊椎动物，也就多出昆虫而已。

而且也不是所有蝙蝠都昼伏夜出，狐蝠中就有昼行性的。许多小型蝙蝠之所以选择在夜间出没，是因为它们演化的时候，鸟类已经主宰了白天的天空。**但换个角度看，它们是以**

后来者的身份拿下了鸟类没能征服的夜空。

蝙蝠应该是在进入新生代后才演化成了会飞的动物。在此之前，飞天是鸟类和翼龙的专利，但翼龙在中生代末期灭绝了。蝙蝠就是在鸟类进一步攻占“天空”生态位的时候巧妙地插了进来。

蝙蝠的演化过程尚不明确，但五千两百万年前的蝙蝠化石表明，它们当时已经会飞了，只是好像还没开发出操纵超声波的能力，而且似乎也不在夜间活动。它们大概是在与鸟类竞争的过程中演化出了在没有鸟类（不用与之争夺食物，也不会被猛禽袭击）的夜晚活动的习性。

若是白天，蝙蝠可能会遭遇速度比自己更快的猛禽（燕隼等猛禽确实会在傍晚捕食蝙蝠），晚上活动就不用担心天敌了。考虑到能在夜间捕捉昆虫的鸟类也只有夜鹰和一些小型猫头鹰而已，蝙蝠针对昆虫特化出来的捕食策略和飞行方式并没有错。

蝙蝠（翼手目）有大约一千种，占哺乳动物的两成以上，种数之多仅次于鼠类。因为蝙蝠会飞，连其他哺乳动物无法到达的偏远岛屿都有分布（例如，蝙蝠是新西兰唯一的本土哺乳动物）。用一句“终归不是鸟”奚落如此繁荣的生物未免也太不礼貌了。

在光天化日之下，单枪匹马的蝙蝠也许无法与鸟类一战，但它的能力依然不容小觑，而且只要条件对蝙蝠有利，它就绝不会输。论繁荣程度，蝙蝠也是毫不逊色。

不过被盯上的昆虫也没有坐以待毙。有飞蛾演化出了独特的感觉器官，可以探测到蝙蝠的超声波。器官本身非常简单，由神经细胞和毛组成。一旦检测到自己被超声波锁定，它就会干预运动神经，关闭姿态控制功能。在这种状态下，飞蛾都不知道自己正以什么姿态飞行。

于是飞蛾就会不断地胡乱转弯或快速下降，甩掉蝙蝠。这就是“反蝙蝠警戒装置”的工作原理。

还有一种被动防御措施：体表长细毛。这有助于减少超声波的反射。反射波过于微弱，蝙蝠就无法进行远距离（也就几米左右）探测。就算被探测到了,蝙蝠也有可能基于“反射很弱”判断“猎物很小”，进而选择无视。飞蛾的策略类似于通过降低反射实现“隐形”的战斗机。

还有研究人员发现了会自己发射超声波的飞蛾。其目的极有可能是扰乱蝙蝠听到的反射波，干扰探测。雷达干扰在人类的军事技术中也很常见，而飞蛾的法子像极了误导装置，通过发射时机和频率略有差异的电波以干扰定位。

回声定位这般精心打造的系统竟会被如此简单的方法破解，想想还挺有意思的。

避免不必要的竞争

综上所述，**人类认知体系中的“战争”与生物的生存策略之间的区别在于，生物不一定要硬碰硬，而且是强是弱取决于条件。**

其实人类世界的战争也有这样的一面，好比越南战争的

“战斗结果”和“政治决策”就不是对应的。美国在战斗中取得了胜利，但最后是国内形势逼得它不得不撤退。人类战争也受诸多因素的影响,很难量化成“我的战斗力是 53 万”[1]之类。

“生态位”(niche)是描述生物住在哪里、吃什么、用什么、如何生活的概念。地球上有形形色色的生态位，例如大嘴乌鸦占据的生态位是“住在森林里、在树上筑巢的杂食性鸟类”。小嘴乌鸦与之高度相似，但它们不住森林，更偏爱开阔的环境。

我们可以将不同的生态位理解成商业街上的店铺。商业街由各种各样的店铺组成，但大家做的是不同的生意，不至于争夺顾客。哪怕开的都是“餐厅”，只要有牛肉盖饭店、咖喱饭店、法式餐厅、咖啡厅这样的差异，就可以和平共处。同类店铺挤在一起则会造成竞争，到头来肯定会有店铺倒闭。

不同的物种相遇时，也不一定会发生竞争。还是以商业街为例，就算餐厅旁边开了家干洗店，也不会闹出什么问题。生态位不重叠的两种生物狭路相逢，只会互相无视。

生态位一旦重叠，竞争便随之而来。假设你家附近有两家小酒馆，两位老板肯定不会突然打起来，他们会用各种办法招揽顾客，强调自家的过人之处，好比“他们家的啤酒好，但我们家的清酒品种更全”。换句话说，**他们会通过微调生态位避免百分百的重叠，以提高生存率**。

1　典出漫画《龙珠》，反派角色弗利萨的经典台词。

生物的演化也是如此。之前提到的鸟类和蝙蝠就是最好的例子。蝙蝠找准了还没被占据的生态位，避免与鸟类正面交锋，实现了“和平共处”。

某些生物会根据其他生物的情况调整自身的生态位。举个比较出名的例子：宽鳍鱲在河里没有香鱼的时候待在浅滩；等香鱼来了，就转移到更深处。长大的香鱼吃浅滩的水苔，但宽鳍鱲也吃别的东西，便将位置让给了香鱼，避免与之竞争。简而言之，宽鳍鱲通过切换食性和栖息地占据了另一个生态位。

但“在水深处吃昆虫”的生态位原本被特氏东瀛鲤占着，于是特氏东瀛鲤就被赶去了浅滩，不得不和香鱼死磕（而且基本赢不了）。

不过宽鳍鱲和特氏东瀛鲤出现在河中同一处的情况也是有的，但总体印象是特氏东瀛鲤偏爱较深的暗处，宽鳍鱲则倾向于中层。

生物常常像这样调整生态位，尽量避免不必要的竞争。

夏威夷本土鸟类大批灭绝

生物的世界总是危机四伏。以我研究的鸟类为例，它们很容易受到食物短缺的影响，营巢环境往往也比较有限。不利条件一旦叠加，鸟就很容易灭绝。好比“人间天堂”夏威夷就曾一度化作鸟类的地狱。

夏威夷群岛是海洋岛，位于茫茫太平洋之中，附近没有

香鱼（上）和特氏东瀛鲤（下）
“我也不想跟香鱼硬碰硬啊，都怪宽鳍鱲……”

陆地。很久很久以前，极少数被风刮跑或搞错迁徙方向的鸟幸运地来到了夏威夷。海鸟还能在海上休息，可陆地鸟类掉进海里就死定了。肯定也有无数的鸟儿死在了半路上。

这一小撮幸运儿得到了夏威夷这片空旷的新家园，演化成了夏威夷特有的物种。例如，夏威夷吸蜜鸟曾有四十多种，全都是夏威夷群岛的特有种。截至目前，人们在夏威夷发现的鸟类总共也就二百五十种左右，足见其占比之高。考虑到夏威夷并不大，能发展出如此独特的生态系统实属不易。

然而，夏威夷的环境发生了天翻地覆的变化。

据说人类在 4 至 8 世纪前后来到了夏威夷。要知道那个时候，夏威夷还几乎没有哺乳动物。到了 19 世纪初，人类开垦了大批甘蔗种植园，导致当地植被剧变。**在人类看来都**

是一样的“绿意盎然”，可对利用特定植物的生物而言，情况就完全不同了。依赖原有植被的生物急剧减少。与花、果实和昆虫联系紧密的鸟类当然也受到了巨大的冲击。

不仅如此，人类还带来了大量的外来物种。尤其在旧时代，这方面的意识较为薄弱，人们常会随意引入“故乡的生物”。新西兰常见的欧洲鸟类就是怀念家乡风光的开拓者带来的，连原产欧亚大陆中纬度地区的秃鼻乌鸦都有，简直莫名其妙。

来自各地的鸟类纷纷被引入了夏威夷（鸟这块还算好的，夏威夷的本土植被已经被破坏得不成样了）。

人类一迁徙，就必然会带来鼠、狗、猫、鼬等动物，无论是有意还是无心。丁点儿大的普通卷甲虫恐怕也是外来物种。世界各地都有普通卷甲虫，分布范围极广，都搞不清楚原产地是哪儿了。八成是人类在植树与运货的过程中将它们传播到了全世界。这些外来物种当然也对夏威夷本土物种产生了影响。

压垮骆驼的最后一根稻草则是疾病。禽疟疾随着人们引进的鸟类来到了夏威夷。这种疾病靠蚊子传播，可夏威夷原本是没有蚊子的，蚊子自己就是外来物种。夏威夷本土鸟类习惯了没有病原体也没有传播者的环境，对这种疾病全无抵抗力，顿时就倒了一大片。

海拔一千五百米以上的地方生活着不少幸存的夏威夷吸蜜鸟。专家猜测，这不仅是因为高海拔地区的环境比低海拔地区维持得更好，“高海拔地区没有蚊子”这一点也很关键。

四十多种夏威夷吸蜜鸟中已有十七种灭绝。而在幸存的二十多种中，有十三种处于濒危状态。常见的不过寥寥数种。

深陷危机的又岂止夏威夷吸蜜鸟。夏威夷黑雁在1952年也曾濒临灭绝，只剩三十只。所幸人工繁育和野化放归的保护工作取得了成功，如今数量已回升至两千八百多只。

说出来怕是都没人信，夏威夷乌鸦在野外都灭绝了，只剩下了在保护设施繁殖的个体。人们在几年前启动了野外放归计划。**连看似强大的乌鸦都敌不过环境的变化。**

不过，夏威夷的鸟类对此也并非束手无策。部分夏威夷吸蜜鸟在低地的数量有所增加，有研究人员认为它们可能已经获得了对疾病的抵抗力。但我们不能忘记，有些物种因为没能获得抵抗力走向了灭绝，还有些虽然没到灭绝的地步，但数量早已大不如前。

当意料之外、见所未见的敌人来袭时，个体的强弱就会变得无关紧要。这也是人类引入的外来物种在世界各地造成种种问题的原因所在。

强即弱，弱即强

说起“弱小”的生物，大家又会想到谁呢？

翻车鲀的“最弱传说”流传甚广，媒体将它们渲染成了一种“动不动就死”的动物，百般调侃。说是跃出水面再落回水里，就会受惊而死，潜得太深则会被冻死……但“最弱传说”终究只是传说而已。真脆弱成这样，又怎么可能活到今天。人工饲养的翻车鲀确实有可能因剐蹭到鱼缸受伤而一命呜呼，但考虑到它们原本生活在没有障碍物的远海，这也怨不得它们。

而且翻车鲀动真格的时候游得相当快。有记录的最高速度是 8.6 千米每小时，约为人类行走速度的两倍。50 米自由泳世界纪录的平均速度也就 8.9 千米每小时，所以它们游起泳来和游泳运动员全速冲刺时一般快。

但这并不是翻车鲀真正的过人之处。全长三米的庞然大物能存活至今，靠的是惊人的繁衍策略。

翻车鲀的产卵量惊人，（据说）多达三亿个。但这个数字出自一份古老的文献，称“在翻车鲀的卵巢中发现了三亿多个未成熟的卵”。天知道是不是真有三亿个，就算有，也没人知道它们会不会一次性产光，但翻车鲀的产卵量肯定不止一两百这个级别。这些卵都被产在汪洋大海中，毫无防备。

残酷至极的生存竞争就此拉开帷幕。漂浮在海里的卵无异于“自助美食”，连沙丁鱼都能一口吞了。如果翻车鲀刚产完卵，就有一群沙丁鱼呼啸而过，卵怕是要折损不少。刚产下的卵似乎有胶状物裹着，但保护力度着实不太够。

熬过毫无还手之力的鱼卵期，便能孵化成仔鱼，肚子上往往还挂着卵黄。仔鱼也很容易被吃掉，而且这个阶段它们还不会游泳，连逃都没法逃，稍微长大些才能勉强躲开敌人的进攻。翻车鲀科的幼体身上有刺，看着就扎嘴，许是为了避免被小鱼捕食。

可也没听说那些刺特别硬或有剧毒。**到头来，翻车鲀还**

是只能靠数量和运气。

这种“生一堆总能活下来几个”的策略在生物界非常普遍。每年都会掉落大量果实的钝齿水青冈走的也是这条路。可谁见过杂树林里尽是水青冈树苗的景象呢？因为果实要想发芽，就得先闯过重重难关。

首先，落在地上的水青冈果实会被老鼠、野猪等动物吃掉，或是腐烂。象鼻虫甚至会在果实落下之前将卵产入其中，所以果实被幼虫啃得只剩空壳也是常有的事。因此在大多数

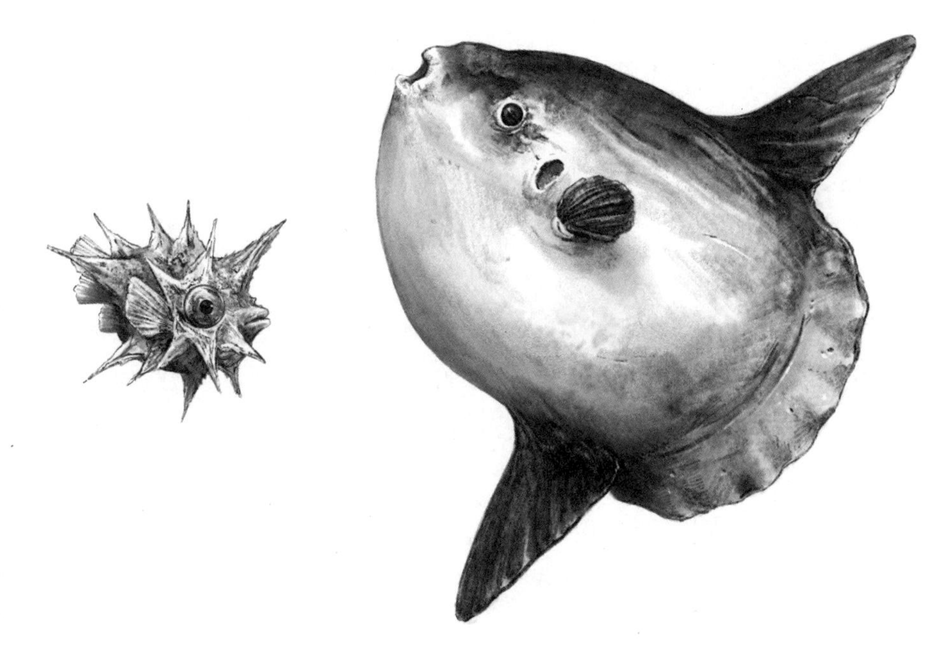

翻车鲀（右）及其幼体（左）。
靠数量和运气也是正儿八经的生存战略。

年份，果实不是被吃光就是烂光，甚至没有发芽的机会。

但水青冈每隔数年就有一次大丰收。遇到这样的年份，老鼠也无法将果实解决干净。得以幸存的果实便有机会发芽了。我们甚至可以说，水青冈是刻意制造了“数年一次的大丰收”，以创造繁衍的机会。

将平时的结果量维持在较低的水平，那么老鼠也只会增加到“能靠这些果子养活”的数量。以这种方式控制住老鼠的数量，再偶尔落下远超老鼠食量的果实，就能间歇性地获得发芽的机会。**这种周期性的大丰收被称为“大量结实”，是不少植物会采取的策略。**

不过森林的地表长期被竹子覆盖，就算水青冈能侥幸发芽也晒不到太阳。唯有竹子齐齐开花枯死，使地表重见天日的时候，别的植物才能获得沐浴阳光茁壮成长的机会。在光照不足的情况下，细弱的树苗只能苟延残喘几年，而竹子成片枯死是几十年才有一次的小概率事件。

换句话说，只有在大量结实的年份落地，并且在数年内碰上竹子枯死的水青冈果实，才有可能长成参天大树。看到这里，也许会有读者感叹“水青冈可真是个慢性子”。其实水青冈的寿命约为四百年，只要在此期间碰上几个“能留下后代的年份”便足够了。

这是走“少生优育”路线的灵长类动物难以理解的策略。但毫无疑问的是，“多生放养”策略也是有效的，尽管这与我们的养育方式截然相反。

鳕鱼子、鲑鱼子、沙丁鱼干、沙丁鱼串……日本人熟悉的海味，都来自以“被吃掉”为前提产下大量后代的生物。所以人类吃掉大批的鱼卵和小鱼，它们也不至于灭绝（不过在日本，自然繁殖的鲑鱼确实在急剧减少）。靠风授粉的水稻也是如此。**它们也是靠着“不管被吃掉多少，只要还有剩的就不算输”的策略活到了今天。**

在哺乳动物中，这种策略的代表显然是鼠类。

哺乳动物需要母亲哺乳，因此无法大幅削减育儿方面的投资。不过老鼠将成长和成熟所需的时间压缩到了极致。一次产下多个后代，而这些后代在短短数月之后便可成熟，继续繁殖下一代。如此一来，“鼠口”便能按几何级数增长。采取这样的策略，当然是因为各种动物都以鼠类为食。

有些生物单看个体脆弱至极，但它们无处不在，而且种群极其庞大，在地球上蓬勃发展。而狮子、老虎等立于生态系统顶端的动物在某些情况下反而处于弱势地位。如果没有足够多的猎物，它们就无法生存，因此十分依赖广阔的栖息地。最要命的是，它们很容易被最可怕的敌人——人类盯上。

“个体的强弱”和“物种在生态系统中的稳定性”是两码事。

如此想来，“强即弱，弱即强”这种看似矛盾的逻辑在生物界也站得住脚。不是只有单挑时战无不胜的冠军才算“强大”，**这也是地球上各式各样的生物都能存在的理由。**

第三部分　关于生活方式的误会

人的活法因人而异，

但终究跳不出『人类』这个物种的大框架。

放眼人类以外的动物，你才会深感生活方式的纷繁多样。

那些生活方式无一例外，都受到了『演化的认可』。

其中当然也有人类难以理解的，

但这是『思维受制于人类的活法』所致。

8

“扎堆”vs“孤独”

孤狼并非钟爱孤独

“扎堆的逻辑”视时间与场合而异

今时今日，“单身贵族”的概念早已深入人心，但世人对独行侠的批判态度依然根深蒂固。我的一个熟人（二十多岁的男生）特别厉害，敢一个人跑去富士急乐园，一个人坐过山车，还自得其乐。我一听说便不由得感叹：“这心理素质也太好了！”**我自认心大，却也没胆量独自跑去情侣扎堆的游乐园。**

公众对“一人食”的排斥也教人不爽。“一个人吃饭肯定是因为没朋友！太惨了，还是找个人陪着吧！”这话说的……不过是想一个人安安心心吃顿饭而已，旁人自说自话扣上一顶“不幸”的大帽子，怕是也不妥吧。

人会下意识地把“开朗大方、善于交际、逢人就大声打招呼的人”划入“好人”的阵营，这十有八九是人的社会性所致。每每发生恶性案件，接受采访的街坊邻居都会异口同声道：“他明明是个见人就打招呼的好孩子……”这让我不由得琢磨起来：搞不好“见人就打招呼的好孩子”才最深藏不露。不过嘛，通常情况下，比起见了人也一声不吭的家伙，我们肯定会比较信任那些笑眯眯地对自己道一声“早上好！”的人。

开口打招呼，意味着对方应该没有敌意，愿意与你沟通，还表现出了遵守社会规则的态度……总之，**这说明对方作为和你生活在同一个社区的伙伴，在某种程度上是可以信任的**。

群居的动物不在少数。但动物形成的群体并不都和人类的群体一样，动物成群结队的原因也各不相同。而且群居不过是动物纷繁多样的生活方式中的一种，独居的动物当然也是有的。

扎堆的动物往往比较小，但也不是没有独居的小动物。鲸鱼、大象这样的大型动物也会成群结队。群居的原因相当复杂，三言两语讲不清楚。

有些动物会在生长过程中的某个阶段或某个季节群居。例如，在日本繁殖的大嘴乌鸦和小嘴乌鸦在幼年时群居，成熟后才和配偶出双入对。但在夜间加入“集体宿舍”的情况也是有的，特别是在繁殖期结束后的秋冬两季，入住“集体宿舍”的个体数会有所增加。

换句话说，**是否扎堆取决于它们处在生命周期的哪个阶段，还得看外界的季节和时间段**。同为鸦属的秃鼻乌鸦和家鸦则是在繁殖期也会聚在一起，可见亲缘关系较近的种在这方面也并非完全一样。

“孤狼”是独行侠的代名词，但狼是群居动物，以狼群为基本生活单位。特意加一个“孤”字，就是为了强调“明明是狼却不与同类为伍”。**孤狼原指“离开原生狼群，寻找接纳自己的新狼群的年轻个体”。**

狼群以阿尔法雄性（地位最高的雄性）为核心，规模不大，从三匹到十多匹不等（不过已知的最大狼群规模达四十二匹）。狼群通常由父母和子女、兄弟姐妹等血亲组成，但有时也有外来的无血缘个体（即曾经的孤狼）加盟。

繁殖由阿尔法雄性及其配偶阿尔法雌性进行，但其他个体也会帮忙养育。狼在古时曾像魔鬼那样受人憎恶，但从20世纪70年代以来，它们靠着“养育别人生的孩子”这一点渐渐成了“大自然母亲的象征”。不过这种行为总体上是基于血缘。**帮助血亲养育后代的个体被称为“帮手”，这种现象在动物界并不罕见。**

总之，狼群就是以负责繁殖的一对为核心、主要由其血亲组成的大家庭。长期跟踪观察，你就会发现狼群中也有以下犯上与新老更迭，颇具戏剧性。

有些动物则不爱扎堆，好比猩猩和老虎。蛇通常也不群居。石斑鱼和海鳝等鱼类也是如此。猫头鹰和伯劳则是鸟类中的独行侠。但“吃肉”不等于“独居”——梭子鱼、鲣鱼、金枪鱼等肉食性鱼类就是成群结队的，海豚和虎鲸也是群居动物。

群居有群居的理由，不想或不能群居也有相应的理由。

站岗放哨与拉人垫背

群居的原因非常简单，可以总结成四个字——**利于生存**。

以沙丁鱼为例。沙丁鱼的个体数极多，但每一条都又小又弱，随便来一条稍大点的鱼就会被吃掉。但它们可以集结成大鱼群，以此提升防御力。

不知道大家有没有见过大群沙丁鱼集结成球状的视频或照片。鲨鱼、鲣鱼等捕食者袭来时，沙丁鱼就会聚集在一起，形成这种“饵球”。

沙丁鱼个体确实弱小，但大量个体一旦集结起来，捕食者也无法轻易得手。捕食者当然会锁定相对容易的目标，比如逃得慢的或动作不合群的，然而当无数沙丁鱼成群结队在眼前呼啸而过时，捕食者便无法瞄准其中的某一条（而且沙丁鱼是绕圈游的，鱼群不存在明确的末尾）。

于是捕食者别无选择，只能把嘴一张，一头扎进去。而沙丁鱼群则会顺势变成甜甜圈形，像极了轻松躲开公牛的斗牛士。

另外，沙丁鱼的鳞片很容易剥落。一条沙丁鱼掉几片鳞片，效果不过是“有可能在被咬住时靠打滑制造逃跑的机会”。可要是一大群沙丁鱼一齐散落鳞片呢？学界有一种观点认为，这样也许能扰乱敌人的视线，作用类似于烟幕弹。

对鸟类等动物而言，群居可以有效提升警戒能力。假设你只有一个人，需要一边吃饭，一边留意周围的动静。问题是，在你做“吃饭”这个动作的时候，目光会不可避免地落在面前的食物上，影响你警戒周围。要保障安全，就只能少吃几口，省出时间四下张望。对动物而言，这样的觅食策略极不明智。

追求单位时间净收益最大化是广大动物的基本行动方针。换句话说，动物都想在尽可能节约能量的同时迅速补充营养，所以无法降低觅食速度。可要是不留心周围的情况，就有可能被老鹰、狐狸之类的捕食者盯上，不提防着点也不行。

要是和同类待在一起呢？

即使个体进食或抬头的时机是随机的，“有人抬头警戒四周的时间”也肯定长于独处的时间。换句话说，**盯着的眼睛越多，就越不容易遗漏**（“抬头时看哪里”当然也很重要，但一般来说，容易被盯上的动物都有极宽的视野，所以只需考虑抬头的时间）。

通过对鸵鸟的观察，研究人员发现了一条规律：鸟群越大，个体低头（安心进食）的时间就越长。这也是因为警戒四周的眼睛越多就越安全。“谁都没在看周围以至于毫无防备的空当”会随着鸟群的壮大而减少。

总而言之，**群体越大，就越能安全地、长时间地觅食**。同伴一旦发现敌人就会发出叫声或逃跑，到时候你也跟着跑就是了。

成群结队有助于提升警戒能力，这在一项关于“斑尾林鸽能在老鹰离自己多远时察觉到危险”的研究中体现得淋漓尽致。斑尾林鸽落单时，老鹰还能杀它个措手不及。但两只以上的斑尾林鸽聚在一起时，它们就能及时发现十米开外的老鹰。当鸽群的规模超过十一只时，它们甚至能发现几十米外的老鹰，迅速逃跑。在这种状态下，老鹰发动攻击也是白费力气，狩猎成功率确实会大幅下降。

“稀释效应”（dilution effect）也是动物采取这种策略的动机之一。

如果僵尸或杰森[1]在你落单的时候杀了过来，见阎王的就肯定是你。可要是有十个人或一百个人呢？在这种情况下，你被袭击的概率就是十分之一或百分之一。如果有一百万人，风险就非常低了，足以安心度日。

这就是所谓的“稀释效应”。说得再直截了当一些，就是“你所在的群体越大，就越容易拉人垫背，捡回一条小命”。

除了避免被捕食，研究人员还对鸟类群居的理由提出了“**信息中心假说**”（information center hypothesis）。简而言之，**如果有个体知道哪里有食物，即便不主动分享这一信息，其他个体也可以跟去。**

给大家介绍一项基于黑美洲鹫的有趣实验：先抓一只黑美洲鹫，在笼子里关上一天，然后再放回去。换言之，该个

1 杰森·沃赫斯，系列电影《十三号星期五》中的杀人魔。

体不清楚同伴们在自己被囚禁期间是去哪里觅食的。通过观察，研究人员发现它会推迟起飞的时间，试图跟着同伴走。可见它认为“跟着先飞走的同伴准没错，它能带我去有食物的地方”。

有趣的是，哪怕是没被关过的年轻个体，起飞时间也普遍较晚。莫非是因为寻找食物需要一定的经验？还是觉得去早了也是白费力气，年长的个体来了还会插上一脚，到头来也吃不上几口？

无论如何，“警戒捕食者”和“高效觅食”都是群居的关键益处。还有一种与繁殖密切相关的情况，稍后再议。

不分享更舒坦

虽说在某些情况下，群居更有利于生存，但成群结队也可能带来损失。如果个体数增加是百利而无一害的，所有的动物都必然会形成无限大的群体。可实际情况是，即便是群居动物，群体也会在达到一定的规模后停止进一步扩大。这意味着其中必然存在某种限制因素。那么群体壮大到什么地步，就变成弊大于利了呢？

这取决于具体的情况，可能是一百只，也可能是十只。如果某种动物是超过一只就会吃亏，那便是独来独往更有利。换句话说，不扎堆的动物之所以不扎堆，也是因为“那样更有利于生存”。听着怪玄乎的，其实每个物种都有各自的生活史，有这样的区别也是在所难免。

猫头鹰和伯劳不扎堆的理由是很明确的。它们平时独来独往，只在繁殖期圈出一大片领地，与配偶共同生活，完成养育下一代的任务之后便分道扬镳。听说雌性猫头鹰甚至会尖叫着驱赶雄性。

通常情况下，猫头鹰是伏击猎物的独行猎手，当然不欢迎其他个体进入自己的领地。竞争对手多了，意味着自己能吃到的东西就少了，“猎场”被人搅得乱七八糟也教人不爽。

猫头鹰和伯劳是最具代表性的“独行鸟”。养大了孩子，就没有理由再出双入对了。

它们只会在繁殖期内与配偶合作育雏。**过了这个阶段就盼着对方赶紧回自己的领地去，尽快分居。**

老虎和豹子在这方面做得更为彻底，雄性交配完就没影了。这是因为雄性哺乳动物对养育后代一事的参与度与雄性鸟类有所不同（详见第 9 章）。在草原上追逐猎物的狮子也是大型猫科动物，却会形成狮群。狮子狩猎讲究搭配合作，有的负责驱赶，有的负责伏击，所以才有成群结队的习性，成了猫科动物中的特例。狼也会成群出击，围捕鹿等体形较大的猎物。

猎豹就不爱扎堆，因为它们的狩猎方式是靠自己的脚力追逐相对较小的猎物。但它们有时也会和有血缘关系的个体组成小群体。

“可以齐心协力抓到更多（或更大）的猎物”是成群结队觅食的一大优势，但这么做也会带来另一个问题，那就是“到手的猎物得和大家分享”。

换言之，**因合作而增加的食物量必须超过因分享而减少的食物量**。前面提到的黑美洲鹫之所以跟着同伴走，也是出于“如果有大型动物的死尸，大家分着吃也不碍事”这一考量。如果食物很少，先到的个体就能吃光，跟着走就没有任何好处。

另外，无论是狮群还是狼群，都是有血缘关系的个体占大头，而血缘会使个体之间更容易开展合作。狮群乍看以雄性为核心，实际上却是有血缘关系的雌性挑大梁。雄性来了又去，其定位更接近提供基因的食客。

在迪士尼电影《狮子王》中，幼时被逐出狮群的雄狮辛巴打败宿敌，回归故里。但这种事在现实世界中是不可能发生的，因为雄狮出生的狮群中的雌性几乎都是“他”的血亲，即姐姐、妹妹、母亲、姨妈……在这样的狮群中繁衍后代就是近亲繁殖。

简而言之，“成群结队”要么是因为群居能大幅提升收益，要么是为了实现血亲之间的互相帮助。粗略来讲，这两种情况占了绝大多数。否则便是弊大于利，没有群居的意义。

火烈鸟不扎堆就寂寞得没法繁殖

社会性动物似乎有某种强烈的“扎堆欲”。此外，研究人员也发现了一些因“成群结队”带来的刺激（很可能基于视觉、听觉、嗅觉、触觉等物理感官），导致行为发生变化的例子。

好比火烈鸟。**它们会在水边大举集结，繁衍后代。但鸟群的规模要是不够大，它们就不会启动繁殖。**毕竟火烈鸟体形较大，颜色鲜艳，待在哪儿都格外惹眼。如果鸟群规模太小，怕是一营巢就会被捕食者盯上，到时候一个蛋都保不住。鸟群越大，捕食者就越不敢轻举妄动。就算捕食者从鸟群的最外围吃起，火烈鸟们也能赶在被吃光之前完成育雏大业。换言之，鸟群必须大到这个地步，否则就难以繁衍下一代。

天知道鸟群要达到多少只才能让火烈鸟做出“可以繁殖”的判断，但动物园饲养的个体数往往不太够。不过人们在实践中发现，遇到这种情况时，将笼舍的一部分改造成镜子就有不错的效果。这可能是因为镜像能让火烈鸟误以为鸟群扩大了。

成群繁殖的鸟类倾向于在有同类的地方生儿育女。因此想扩大濒危鸟类的种群时，研究人员也会利用这一习性，将它们引向合适的繁殖地。

在伊豆群岛的鸟岛，人们就曾利用这种方法，将短尾信天翁的繁殖地转移去了岛上的另一处平地。因为代代相传的老繁殖地出现了土壤侵蚀的问题，随时都有可能崩塌，换个地方会更安全一些。

想当年，岛上栖息着不计其数的信天翁。据说它们一齐振翅高飞时，仿佛整座岛都浮起来了。然而，从明治时期到昭和初期[1]，日本人为了羽毛大开杀戒，将它们逼到了灭绝的边缘。虽然目前数量已回升至五千只左右，但繁殖地仅限于鸟岛等几座小岛。为了不让这种鸟灭绝，就必须确保它们在鸟岛的安全。

于是环境省和山阶鸟类研究所、东邦大学等机构开展合作，在新繁殖地摆放了一些外形逼真的诱饵模型，并用扬声器播放它们的叫声，营造出“有若干个体在那里繁殖”的假象。长年在同一地点繁殖的成鸟可能不会去新繁殖地，但兴许能把今后将在鸟岛繁殖的年轻一代吸引过去。

这项计划自 1992 年启动，1996 年观察到有信天翁在新

1　大致为 19 世纪 70 年代到 20 世纪 40 年代前后。明治、昭和均为日本的年号。

繁殖地产卵。

与此同时，人们也在尝试增加繁殖岛的数量。毕竟鸟岛是一座火山岛，而火山喷发可能导致所有繁殖地的覆灭。而且万一暴发传染病，繁殖地过于集中也有全军覆没的风险。**为保障种群的长久稳定，还是将繁殖地分散开为好。**

为此，有关部门正在推进一项将信天翁引向婿岛（小笠原群岛北边婿岛列岛的主岛）的计划。信天翁也曾在婿岛繁殖，但由于过度捕杀绝迹多年。人们将鸟岛的雏鸟转移至婿岛饲养，让它们在婿岛离巢。几年后，婿岛出身的信天翁们平安归来，开始繁衍下一代。

其实我们身边也有基于模型的成功案例。人们希望在东京为白额燕鸥打造一片繁殖地，于是启动了“小燕鸥计划”（Little Tern Project）。白额燕鸥是一种在宽阔的天然沙滩上繁殖的鸟类，但东京湾已经没有了可供它们营巢的沙滩，地区种群岌岌可危。于是人们在大田区某水循环工厂的屋顶上铺满沙石，为白额燕鸥创造繁殖地。

为了让白额燕鸥们扎下根来，每年 4 月它们飞来东京时，人们就会把志愿者手工制作的模型摆上屋顶。我去实地考察过，发现那些模型远远望去确实很像白额燕鸥，足可以假乱真。

白额燕鸥会把巢筑在沙滩的地面上。蛋和雏鸟都有完美的保护色，亲鸟在沙滩上却很显眼，只要坚持找下去就一定能找到。白额燕鸥被乌鸦和海鸥捕食的情况也确实是屡见不鲜。当外敌入侵繁殖地时，它们会成群结队在上空盘旋，加

白额燕鸥在人类设置的模型间营巢。
有小伙伴陪着会比较安心。

以威吓，可见扎堆确实有助于提升防御力。但这恐怕不是它们选择集体繁殖的唯一理由——因为它们对捕食者的攻击力着实很低（当然，哪怕只是骚扰，那也比什么都不做好）。

不难想象，在提升防御力的同时，它们还采取了另一种防御策略：通过集体繁殖，产下多于捕食者食量的卵，言外之意就是——“有本事你就吃光啊！”。

从这个角度看，如果没有足够多的亲鸟，没有足够大的区域供它们集体繁殖，没有足够养活它们的丰富食物，白额燕鸥的前景就依然坎坷。

扎堆会造成一个问题。

那就是“分不清谁是谁”。

据说一个人能识别的“亲密友人”也就一百到二百五十人。当然，人可以通过训练和经验的积累记住更多的面孔和名字。学校的老师记得一批又一批的毕业生，领导日本猕猴调查小组的小H更是记忆力超群，二十年来参加过调查项目的人他几乎都记得（他说他会有意识地记忆人的面部特征，就像记猴子的脸似的）。

但在日常生活中，“彼此熟悉，且长相、名字和声音都能立刻对上号的人不那么多”才是常态。人类学家罗宾·邓巴（Robin Dunbar）称，这可能是因为“人”这一物种的群体规模大约是一百五十人左右。能记住二百五十个就绰绰有余了，所以没有开发出更大的记忆容量（但学界存在反对意见，有人认为人脑可以记忆更多，也有人认为一百五十人左右的群体难以维系狩猎-采集生活）。

日本猕猴也表现出了同样的倾向。它们能识别猴群中的个体，也清楚对方的等级，与自己又是什么关系，但猴群最多也就一百只左右。大分县的高崎山曾通过人工投喂形成了足有八百只猴子的巨型猴群，但猴群壮大到如此规模，就会出现挑衅上级的个体。据研究人员猜测，这是猴群规模太大，记不全所有个体所致。

忘了朋友也许会闹出点不愉快，但被人家念叨两句“你可长点记性吧”就能翻篇。但对生物而言，自己的孩子是万万不能认错的，因为**“留下与自己携带同样基因的后代”是生物的头等大事。把外人当成自家的孩子悉心照料，最要紧的亲骨肉却撂在一旁不管不顾，那可怎么得了。**

集体繁殖的鸟要如何识别自己的孩子呢？

鸟类普遍以鸟巢的位置为准。反正蛋不会跑，雏鸟通常情况下也出不了巢，亲鸟只要记住鸟巢的位置就行。但早成鸟是雏鸟一出壳就能走。换句话说，雏鸟可以离巢。更要命的是，海鸥这类鸟把巢安在地上，雏鸟随随便便就能走出去。再加上它们是集体繁殖的，雏鸟分分钟就能走到相邻的鸟巢。而雏鸟一时半刻又离不开亲鸟的喂养，毕竟它们还不会飞，没法去海上捕鱼。

遇到这种情况时，海鸥绝不心慈手软。若有别家的雏鸟试图进入自家的鸟巢，海鸥就会视其为异物，百般啄咬，甚至将对方活活啄死。风间健太郎率领的研究小组比较了孵化后一至三天的雏鸟和孵化后八至十天的雏鸟，发现前者似乎更容易被接纳。这恐怕是因为基于叫声的沟通能力发展起来之后，识别亲子的准确性就随之上升了。正因为可能有外来雏鸟闯入，海鸥才会演化出为排除外人服务的识别功能。

大嘴乌鸦则不然，它们只会做出这样的判断：“我的领地里只有我的巢，在这个巢里的就是我家的崽。”**它们长得凶神恶煞，对孩子却很宽容，甚至可以说它们压根就没有“要提防别家孩子”的意识。**在上野公园调查大嘴乌鸦繁殖情况的福田道雄称，在20世纪80年代，上野公园每隔十米就有一个乌鸦巢，离巢前后的雏鸟常会沿着树枝走到邻近的巢里（大嘴乌鸦的雏鸟离巢前有一个反复出入鸟巢的阶段）。

据说在这种情况下，亲鸟连邻居家的孩子一起喂也是常有的事。我小时候也经常带着萍水相逢的小朋友回家一起吃点心，所以不由得对乌鸦生出了几分亲切感。

企鹅宝宝认亲难

在集体繁殖的鸟类中，最有可能被这个问题困扰的大概就是企鹅了，尤其是帝企鹅。帝企鹅在南极的冰天雪地里繁殖，雄企鹅把蛋搁在脚上，站着孵上两个月之久。王企鹅也这么孵蛋，但其他企鹅会筑巢。**再说了，寻常企鹅也不会在那种冻死人的地方繁衍后代。**

企鹅共有十八种，其中只有阿德利企鹅和帝企鹅将南极作为主要繁殖地。阿德利企鹅好歹把繁殖期选在了南极还算温暖的夏季，帝企鹅却在寒冷至极的冬季产卵，连太阳都难得一见。顺便一提，帝企鹅孵卵期间不吃不喝，只能通过降低新陈代谢进入半冬眠状态。

苦熬两个月后，雏鸟破壳而出。亲鸟留下雏鸟，外出觅食。但企鹅觅食需要下海，而下海需要未被冰层覆盖的开放水域。如果冰层扩大，或有大片浮冰漂来，企鹅们便只能走个不停，直到水面出现。因此亲鸟出门一趟可能要好几天才回得来，有时甚至更长。

在此期间，雏鸟们扎堆挤在“托儿所”（离巢幼龄动物群），

在严寒中苦苦等候亲鸟归来喂食的小企鹅。
谁都不乐意待在最冷的外围。

相互取暖，等亲鸟回来了再争先恐后上去要吃食。

于是问题就来了：怎么认出自己的孩子？

“记位置”是行不通的，**因为雏鸟会想方设法往企鹅堆里钻。毕竟外围寒风呼啸，没有遮挡，实在是冷。**雏鸟们会不停地挪动，调整站位。

靠气味也不行。尽管有研究结果显示，鸟类的嗅觉并没有人们想象的那么糟糕，但企鹅的化学感觉[1]着实靠不住。**它们连味觉都退化了，尝不出甜味和鲜味，只能分辨出咸味**

1　由化学性刺激引起的感觉的总称，主要包括嗅觉、味觉和普通化学感觉。

和酸味。

也许是因为它们的舌头专为捕鱼设计，表面都是倒刺，顾不上分辨味道。也许是因为它们吃鱼的时候都是整条整条往肚里吞，横竖也用不着多敏锐的味觉。也可能是因为味蕾在低温环境下无法正常工作，久而久之就退化了。在同样的条件下，同为化学感官的嗅觉真能正常运作吗？通过鼻腔稍稍加热空气，说不定还能闻出点气味来……

目前的主流观点认为，企鹅使用的是听觉。早在雏鸟破壳之前，亲鸟就开始用叫声跟孩子交流了（即将孵化的蛋处于“蛋里有一只完全长成的雏鸟”的状态，里面的雏鸟是可以叫的），也许雏鸟刚破壳时就已经记住了亲鸟的叫声，反之亦然。亲鸟回到“托儿所”时确实会高声鸣叫，做出互相辨别叫声的行为。

雏鸟若是没能在这个时候和亲鸟相认，自然就得不到食物，这可是生死攸关的大问题。任雏鸟百般讨要，别家的亲鸟也绝不会吐出食糜。**听着确实无情，但它们也有自己的孩子要养育，带回来的食物喂饱自家崽都够呛，哪还有余力分给别家的孩子呢。**

小企鹅不扎堆就会被冻死，或者被贼鸥接连捕食，全军覆没。想必它们也权衡过“与父母失散”和其他方面的危险，最后选择了这种在刀锋上行走的生存策略。

毛茸茸的企鹅宝宝们也在拼命求生。

没有头领又何妨

人类就爱琢磨组织行为学和领导力，车厢里贴满了这种商务读本的广告。我对组织行为学知之甚少，但总觉得不在那种书上浪费钱才是发财的捷径。

话说人类的集体往往有社会领袖坐镇指挥。但在动物界，不存在“领袖”或“指挥系统”的情况比比皆是。

在 20 世纪 60 年代，人们一度猜测日本猕猴有一套以“猴老大”为中心的社会体系。但后续研究表明，这种模式并不完全符合野生日本猕猴的实际情况。但在普通人的认知里，“猴老大统治猴群，保护母猴和小猴”“年轻的猴子在猴老大的指挥下保护猴群”这样的观念依然根深蒂固。

当然，这种情况也不是完全没有。对日本猕猴的早期研究以人工投喂的猴群为观察对象，食物的所在高度集中，于是优势个体就很容易独占食物。

久而久之，就形成了优势个体位于中心、其他个体环绕四周的结构。母猴和小猴还能凑到近处，地位低下的雄性个体就只能排在队伍的最后，等着分一口吃食。“猴老大在核心，然后是母猴和小猴，其次是中坚骨干，最外面是年轻雄性”的结构就这样形成了。

然而在野外，独占食物是不可能的。**因为食物分散在各处，就算你死死抱着一棵树，嚷嚷着“这棵树结的果子都归我！”，只要别人爬上边上的另一棵树，那你就白忙活了。**后续研究表明，在这种情况下，优势个体的优势其实极不明显。

大家获得的食物量没有太大差别，就算是阿尔法雄性（即所谓的“猴老大”）也不一定能留下很多后代。哪怕当猴老大有某种优势，也小得不值一提。

人类的思维定式也是造成上述误会的原因。当时比较流行在动物社会中寻找规律和体系，而且大家也许是下意识地觉得，动物也像企业组织和军队一样，“有成年雄性在核心发号施令，保护妇孺，下属们则可以得到与职位相符的奖励。小年轻要为猴群奉献，积累经验”。

鸦群就更是名副其实的“乌合之众”了。尽管在日本繁殖的大嘴乌鸦和小嘴乌鸦都有明确的群内序位，但**充其量不过是“不许比我先吃”而已**。优势个体往嘴里塞满食物，找地方藏起来的时候，其他个体就能上前享用了。

当然，优势个体一回来就能把别人赶跑，有一定的优势，但它也无法下令“你守在这儿，你去那儿盯着”。

鸦群中的每只乌鸦都只有一个念头：想吃东西。看似在后方望风的不是在排队（“我也想吃，可现在上去肯定会被优势个体欺负的”），就是很谨慎（“我也想吃，但又怕有危险，还是等落地的多了，确定这地方够安全了再上前吧”）且营养状态好到“等得起”的个体。

观察早晨第一批盯上垃圾堆的乌鸦时，你会发现带头落地进食的个体其实吃不了多久，这就很能说明问题了。因为其他个体会迅速跟进，夺走进食空间。

换言之，我们可以借此推测出最先落地的是“担心落地会出事，却又饿得等不了”的个体，也就是处于慢性饥饿状态的从属个体。等第一只或前几只平平安安吃上了，其他乌鸦才会纷纷落地。

从结果看，从属个体扮演了侦察兵的角色。但它们应该没有听命于“指挥系统”的意识。**认定“非得有领导统筹全局不可”的人类，搞不好才是动物中的特例。**

9

“大男子主义”vs“妻管严”

雄狮都是小白脸

雌雄都是自力更生

无论富贵贫穷，无论健康疾病，都要互敬互爱，不离不弃……我们常能在基督教的婚礼上听到这样的誓词。不过嘛，这在现代社会应该是一种“理想”，算是某种“公开宣扬也不会被吐槽”的状态吧。

这话听来刺耳，但我完全没有反对的意思。只是写多了和动物有关的稿子，难免会感叹“人类社会的规矩就是多，真够麻烦的”。

雄性和雌性结成一对，相伴终生——这绝不是生物的“常态”。连人类内部都有各种各样的生活方式，不同于我们的生物就更不用说了，生活方式和繁殖形式皆是多种多样。我本可以将“繁殖形式”写成“婚姻形式”，以凸显其他生物和人类的对比，但我们不能忘记的是，“婚姻”这个概念本就带有浓重的人类色彩。

再说了，长期维持配偶关系的例子其实并不多见。动物的雄性和雌性待在一起的首要理由是“将基因传给下一代”。其次就是“为了养育后代”。**这意味着受精一旦完成或后代一旦独立，就不需要再待在一起了。**

细想起来，人类认知里的“夫妇”形式是把“两个成年个体的生活”和“养育子女”归拢到了一起。不过就人类这一物种而言，组成家庭这一行为似乎是有生物学背景的。

像人类这样在绝经后还有漫长“晚年”的生物非常罕见，但据说祖母的存在有助于提高子孙的生存率和繁殖成功率（最近这种说法在虎鲸身上得到了证实）。目前在人类社会得到广泛认可的繁殖单位就是家庭，但这种认知是否适用于广大动物就是另一码事了。

回顾日本史,我们就会发现平安时代的上层阶级盛行“走婚”，并不是“夫妻时刻都待在一起”。江户时代的领主夫妇也是“城内分居”，领主居前堂，家眷住里院。孩子由乳母和侍女抚养是常态，很难说他们过着以“有血缘关系的父母和孩子”为家庭单位的生活。

在现代人看来这样的形式是好是坏暂且不论，有一点是可以确定的——“这样也能留下后代”。

异性相遇的方式和相互之间的关系就更是各有千秋了。

佐田雅志的《关白宣言》是大家耳熟能详的名曲。后来还出了一首续作,题为《关白失势》[1]。放眼动物界,狮子貌似

---

1 “关白”是“一家之主”的意思,《关白宣言》唱的是一个男人在婚前对妻子提出了种种要求，极具大男子主义色彩;《关白失势》唱的是男人诉说婚后妻子没有做到自己要求的任何事情,他虽然日子过得有些凄惨但也很幸福。

是“大男子主义”的代言人。

狮群由一头或数头雄狮、数量更多的雌狮和幼狮组成。那雄狮平时都做什么呢？它们几乎什么都不做，最多就是跟邻居和流浪的雄狮打打架。在狩猎时发挥主要作用的也不是雄狮。

在狩猎中承担重要作用，并给猎物致命一击的基本都是雌狮。可好不容易打来的猎物，却是雄狮最先享用。这岂止是大男子主义啊，简直是蛮不讲理的软饭男。

但在狮群这个维度，雌狮本就是当仁不让的主角。养育子女和狩猎本就是雌狮的工作，而且最新的研究表明，对守护领地的贡献也是雌狮更胜一筹。**雄狮仅有的任务就是提供优良基因，将威武霸气的鬃毛传给下一代。**鬃毛浓密的雄性卖相好，更有希望成为狮群之主，留下后代。

说白了，雄狮要做的仅此而已。**换言之，雄狮就是雌狮养的小白脸。“你也就这张脸拿得出手了，可得遗传给孩子们啊，我就是为了这个才好吃好喝供着你的”——恐怕这才是雌狮的真心话。**（后记中对此略有订正。）

事实上，雄狮会在若干年后悄然离开，改投另一个狮群。↑THE HIGH-LOWS↓[1]有一首歌叫《浪迹荒野》，歌词大意是“遥远的荒野在召唤我，我就不耽误你了”。在狮群间游走的雄狮也许就是这般心境。至于是向往这种漂泊不定的生活，

1　1995年结成的日本摇滚乐队，2005年解散。代表作《心中动荡不安》为动画《名侦探柯南》的第一首片头曲。

还是觉得这是在虚度光阴，当然是各位看客的自由。话说我有位女性朋友听完这首歌后很是无语地笑道：“这人也太自说自话了！”

配偶的定义

许多鱼类甚至不存在传统意义上的配偶关系。它们采用体外受精的方式，即雌性将卵产在水中，雄性释放精子，让两者在水里自行相遇。

若是只有一雌一雄，还勉强称得上“一对”，但有些鱼类是成群产卵的，水里到处都是卵和精子，无法分辨归属。换句话说，“择偶”这个步骤本身就不太可行。

那费时费力择偶的动物的面子要往哪儿搁啊！不过从效率的角度看，这也是个不错的法子。后代或卵的数量很少正是动物谨慎择偶的原因所在。这类动物的策略是少生优育，尽可能保证后代的存活率。

而鱼可以一下子生几千乃至几万个卵。“这么一大群里总有几条优秀的雄性吧，说不定能有几个卵碰上它们的精子呢？”——这种策略对鱼类而言确实可行。

泥鳅不仅扎堆产卵，雌性的体形还比雄性大，因此产卵受精时往往是两三条雄性缠着一条雌性。孕育大量的卵离不开充足的营养，所以雌性的体形必须大。

精子却比卵子小得多，成本也低，所以雄性个头小一点也无所谓。**雄性不会硬着头皮增大自己的体形，或是等自己**

足够大了再出击。只要有雌性在场，它们就会想方设法参与雌性的产卵。这种形式堪称“乱婚”，甚至没有“配对”的概念。

而且鱼类是先产卵，然后在水中完成受精，所以还可以“浑水摸鱼”——鲑鱼逆流而上产卵时，雄鱼和雌鱼会成对活动，但其他雄鱼也会悄悄凑近。反正只要大家一起释放精子，就没有办法阻止受精了。

部分鱼类（包括鲑鱼）会出现体格天生偏小，身形也类似雌性的个体，人称“伪雌雄鱼”（sneaker male）。

“sneaker”原本是“潜行者”的意思（穿着布面胶底鞋走路时没声音，所以日语中也将这种鞋叫作“sneaker”）。之所以用这个词指代伪雌雄鱼，是因为它们采取的繁殖策略是“趁其他个体产卵时偷偷逼近，释放精子，运气好的话，兴许能使部分鱼卵受精”。鲑鱼的伪雌个体会将自己伪装成雌性，以避免其他雄性的攻击，同时接近正要产卵的鲑鱼“夫妇”，撂下精子就跑。

当然，这种方法的效率并不算高，但确实有一个好处，那就是“不必与竞争对手（其他雄鱼）硬碰硬，体形偏小也无妨”。另一个优点是能在相对年轻、体形较小的时候开始繁殖。毕竟在动物的世界里，死亡随时都有可能降临，所以“越早开始繁殖越好”是雷打不动的大原则。

这是体外受精动物的特权。体内受精的前提是交配，雄性必须凭某种因素得到雌性的认可，否则就没有繁殖的机会。

动物成双成对的理由不外乎两种：要么是想切实获得对方的基因，要么是需要劳动力。

趁雄鱼（远）不注意，悄悄凑近雌鱼（中）的伪雌雄鱼（近）。
弱者也有弱者的策略！

重食轻色的乌鸦

读研期间，我在京都观察到了小嘴乌鸦的惊人之举——

事情要从放在贺茂川堤岸边的自制狗饭说起。一位街坊来到岸边，把狗的剩饭倒在了一块石头上，大概是想赏给鸟吃。因为河边有不少乌鸦，我觉得“它们肯定会来吃的”，便在一旁观察了起来。片刻后，果然有乌鸦飞了过来，还放心大胆地落了地。看来那位街坊对它而言是个“经常放食物在这里的人”。

那一带的乌鸦算我的观察对象，所以我知道它们的繁殖阶段。来的是雄鸟，和它配对的雌鸟应该正埋头于筑巢的收尾工作。这对乌鸦的体形区别明显，喙的形状也各有特色，所以一眼就能分出雌雄。

自制狗饭类似于大杂烩，以米饭为主，好像还加了些切碎的竹轮之类的配料。乌鸦会从什么吃起呢？会是竹轮吗？竹轮的蛋白质含量和热量比米高，对乌鸦应该是很有吸引力的。

雄鸟的举动却大大出乎了我的意料。只见它拨开配料，啄了好几口米饭，然后就飞走了。它可能是把食物储藏在了别处，回来以后还是专挑米吃。

怪了，乌鸦有这么爱吃米饭吗？我满腹狐疑，继续观察。过了一会儿，雌鸟飞来了。它叼起雄鸟留下的竹轮，狼吞虎咽起来。

该如何解释这一系列的行为呢？**莫非是雌鸟即将产卵，需要补充营养，所以雄鸟甘愿只吃粗茶淡饭，把好吃的留给了雌鸟？**

确实有部分鸟类存在求偶喂食行为（雄性在求偶时向雌性献上食物礼品），乌鸦便是其中之一。“这些我就不吃了，留给你吃吧”——这种不对称的分享，是不是也属于求偶喂食的范畴呢？要是果真如此，那倒是一项颇有意思的观察，说不定还能发展成研究课题呢。而且我可以站在实验的角度人为创造出那样的条件。

第二天，我把切片面包和鱼肉香肠切成小块，装在保鲜盒里，带去下鸭神社。那里有一对我熟识的小嘴乌鸦（雄鸟

α和雌鸟β)，我想借助它们再现前一天的场景。

实验首日，α和β都戒心十足，没有靠近。我苦等了近一个小时，最后只有β来吃了几口。这样没有可比性，所以我第二天又尝试了一次。

这一回，情况就完全不同了。也许它们是通过前一天的经验记住了“这家伙会给吃的”，我还没走进它们的领地，β就“出门相迎”。连α都停在了不远处的树枝上，观察我的一举一动。

实验正式启动。首先，β凑近食物，吃起了香肠。说时迟那时快，α竟然飞了下来，对正吃着的β“嘎！”了一声，以示威吓，把人家赶跑了。α就这样独占了香肠，大快朵颐。β还不死心，在附近徘徊了一阵子。趁α带着满嘴的香肠去贮食的时候，β又吃上了香肠。

谁知才过了三十秒左右，α就杀了回来，再一次赶跑老婆，继续享用香肠。更过分的是，β本想退而求其次吃点面包，α却迅速冲过去将它赶走，连面包都想据为己有。β便想去吃剩下的香肠，大概是觉得:“哦？这些你不要啦？”见状，α自是勃然大怒。

到头来，α在香肠和面包之间跑来跑去，几乎独占了所有的吃食。

无情无义到这个地步，我也着实吃了一惊。α和贺茂川岸边的乌鸦差远了。还当你是个有良心的呢！

后来我又试了几次，每次都是同样的结果。看来雄性的“温柔”是特例中的特例，或者说仅限于某些条件下，而并非普遍现象。我觉得实验再做下去也得不出什么有趣的结论，便放弃了这项研究。

请容我为乌鸦稍作辩解：雄鸟会在雌鸟孵卵时不辞辛劳地送吃的，在求偶时嘴对嘴喂食也是常有的事，它们只不过不是“时刻把老婆放在第一位”罢了。

不是说鸳鸯夫妻并不恩爱吗？

这么打打闹闹的，乌鸦夫妻就不会不欢而散吗？

在鸟类中，乌鸦的配偶关系似乎算是比较长久的了。无奈标记并识别繁殖个体的难度极高（繁殖阶段的乌鸦对自己的领地非常熟悉，很容易发现人类布下的陷阱），所以难以获得确凿的证据，但至少有报告称，研究人员没有在栖息于澳大利亚的澳洲渡鸦中发现“离婚”的个案。

其实 α 和 β 的关系似乎也已持续了七年之久（尽管没有确凿的证据）。我认识的一位画家和他太太也是如此。太太动不动就骂他是“呆子”,但他们的关系总体上还是很融洽的，也许夫妻之间就是越吵越恩爱的吧。

话说“鸳鸯”一直都是恩爱佳偶的代名词，因为鸳鸯一旦配对就形影不离，恩爱有加。鸳鸯并非特例，许多鸭科鸟类的雄性和雌性一到冬天就紧紧相依，夫唱妇随。

但这其实是为了防止雌性被其他雄性夺走。雄性们一旦发现落单的雌性，就会集结在人家周围，摆出一副“跟我吧”的架势。雌性会被推来搡去（一如雌性海豚），心情烦躁，也无法尽情觅食。那场面像极了大阪道顿堀的“搭讪桥”。所以雄性才要陪伴左右，守护配偶。

然而鸟巢大功告成后，雄鸳鸯便会悄然消失。后续的育雏工作皆由雌鸳鸯负责。在此期间，雄鸳鸯们成群结队，逍遥自在。这就是鸟类学领域的经典段子——“鸳鸯夫妻名不副实！”我也在书里写过。

但最近公布的一项研究结果揭露了雄鸳鸯不为人知的一面。研究人员对鸳鸯做了标记，跟踪观察了数年之久。结果显示，不少在夏天离开配偶的雄鸳鸯竟在秋天回到了同一只雌鸳鸯身边，再次求偶，做回了护花使者！

雄鸳鸯也不都是喜新厌旧的薄情郎。它们不参与育雏，但有时也会和同一只雌鸳鸯相伴多年，做名副其实的“鸳鸯夫妻”。另找配偶的情况当然也有，但似乎不是每只雄鸳鸯都这样。

其实极少离婚的鸦类也有疑似分手的个案。好比之前提到的α和β——做了两年其他方面的研究后，我再次来到它们的领地，发现β不见了踪影，换成了一只显然不是β的个体。据我猜测，那是离婚并再婚的结果。当时我还在数百米开外的地方发现了疑似β的个体，而它也找了另一只雄鸟。

α和β的繁殖表现极差。我跟踪观察了六年，养到幼鸟离巢的却只有两次，搞不好连一只平安独立的后代都没养出来。照理说“离巢阶段的幼鸟消失是因为独立还是因为死亡”是很难区分的，但我观察到的两次都消失得偏早，不太符合小嘴乌鸦的独立时期。有些鸟会在鸟巢遭遇捕食后重新配对，

雄鸳鸯贴身守护配偶，不给周围的雄性可趁之机。
可不是在管头管脚哦！

不过 α 和 β 也许是因为繁殖失败的次数太多才走向了离婚。

在守护配偶这方面，甲壳类动物比鸭子还要偏执。有些种甚至会抓住它们遇到的雌性，走到哪儿都随身带着。雄性寄居蟹是把雌性连人带壳统统带上，颇有些“在下一次繁殖前三百六十度无死角护花”的意思。甘氏巨螯蟹也会用腿围住雌蟹。

在人类看来，做到这个地步显然超出了“深爱”的范畴，带上了几分犯罪的色彩，但对动物们来说，这都是再寻常不过的行为。

鸟类出双入对为哪般？

“哺”字的原意是“用嘴含着”或“含在嘴里的食物”。顾名思义,“哺乳动物”就是“雌性以母乳哺育后代”的动物。现代人能运用高科技人工合成乳汁，但其他动物没有这个条件，雌性哺乳对养育后代而言必不可少。而雄性在养育后代的早期阶段就只能扮演“保安”的角色，等孩子稍大一些倒是还能带些食物回来。

鸟类则不需要哺乳［从严格意义上讲，鸽子、火烈鸟等鸟类会吐出嗉囊（消化管后段的膨大部分）中的分泌物来喂养雏鸟，但雄鸟和雌鸟都有这项功能］。而且雏鸟是一破壳就得吃东西。鸟类的新陈代谢极快，雏鸟的生长速度也快得惊人。从孵化到离巢不过两周左右，雏鸟却能长到和亲鸟差不多的大小。

人类与猫狗都是孩子比父母小得多，而且这种状态持续的时间相对较长。晚成鸟则不然，几乎不可能靠体形判断年龄。晚成鸟不同于一出生就毛茸茸的小鸡崽，刚破壳时赤身裸体，需要在巢中进一步成长。到了离巢的阶段，它们的体形就和成鸟相差无几了，羽毛一旦长齐就无法用大小区分。快的话，只需十多天就能长到这个尺寸。非常大的鸟也是两个月足矣。

为实现如此之快的成长速度，亲鸟必须连续不断地喂食。这意味着亲鸟搬运食物的速度也慢不得。在小燕子即将离巢时仔细观察一下，就会发现亲鸟每隔几分钟就要回来喂一次。

乌鸦也是如此，最开始也就一小时喂一次，等小乌鸦快要离巢时，喂食频率会上升到十五分钟一次。

雄鸟和雌鸟通力合作显然更有利于保持喂食节奏。一方跑路会直接拉低亲骨肉的生存率，因此合作就是唯一的选择。这才是雄鸟和雌鸟出双入对、合作育雏的原因所在，“夫妻情深”倒不一定是主因。

事实上，配偶一年一换的鸟类并不罕见。小型鸟类的死亡率很高，天知道配偶能不能活到下一年。营巢失败就换个配偶也是常有的事。**雌鸟往往将雄鸟视作“坐拥优良领地的高档房产”，而繁殖失败就意味着“房产质量不佳”。雌鸟会迅速抛弃这种“有瑕疵”的配偶，转投下家。**

只在繁殖期出双入对的伯劳也倾向于和近处的个体配对。它们虽然会在繁殖期结束后分居，但往往不会离得太远。看到这样的例子，我便觉得动物们在择偶这方面似乎也不是“只要留下后代，找谁都无所谓”。

乌鸦的领地全年保持不变，配偶（应该）也是固定的。不过在育雏大业告一段落的秋天，偶尔也能看到求偶喂食、相互梳理羽毛这样的行为。照理说求偶喂食应该有“为即将产卵的雌鸟补身体”的用意，在完成育雏后这么做就没有意义了。由此可见，这不是直接有助于繁殖的行为。

我们当然也可以将这一现象解释为“在产卵到下一代独立期间被育雏这一刺激所抑制的求偶行为重新启动了”，这种说法似乎也有一定的说服力。但至少从结果看，这种“夫妻调情”行为很可能有强化“伴侣连属”（pair-bond）的作用。

看来它们的生活中也不乏难以言喻的浪漫元素。

树莺和苇莺的同时一夫多妻制

父母共同养育后代的鸟类不在少数，但也有些雄鸟属于“贡献明显比较小或啥也不干”的类型。**这些走大男子主义路线的鸟往往采用一夫多妻制。**

其实一夫多妻制可以再细分成两类，即“连续一夫多妻制”（一只雄鸟在一段繁殖期中接连更换配偶）和“同时一夫多妻制”（一只雄鸟脚踏 N 条船）。本节主要讨论的是后一种情况，即“雄鸟的领地内同时存在好几只雌鸟”。

东方大苇莺堪称同时一夫多妻制的典型。雄鸟在初夏时节来到日本，在长满日本苇等植物的草丛大声鸣叫。雌鸟被叫声吸引，来到雄鸟的领地营巢产卵。可故事到这儿还没完——入住优质领地的雌鸟不止一只。当然，它们都会与领地的所有者（雄鸟）交配。

然而，东方大苇莺的性别比很是平衡，雌雄个体几乎一样多。有些领地足有三四只雌鸟，有些雄鸟却没有雌鸟瞧得上，只得孤零零地瞎叫唤。

人类也有采用一夫多妻制的文化。但那个文化圈的人表示，“娶好几个也不容易啊，富人和大王（不是制度上的国王，而是类似于统治一方的豪门望族）倒是有很多老婆……”财力的重要性可见一斑。

那东方大苇莺是怎么做的呢？大太太和其他雌鸟的待遇

有着显著的差异。雄鸟会帮大太太育雏，对二太太、三太太的投资却少得多，一点忙都不帮也是常有的事。

我曾观察过位于同一片领地的两个巢，发现雄鸟只给其中一个巢带食物，对另一个巢则几乎是不管不顾。换言之，那个巢的食物都是雌鸟独自找来的。

这就很奇怪了。二太太、三太太（兴许还有更多）都得不到雄鸟的协助，却忍辱负重，全无怨言。它们何不投靠多出来的单身汉，做个抬头挺胸的当家主母呢？

没办法，东方大苇莺也有它们的无奈。人类社会有贫富之差，而东方大苇莺不得不面对的是领地质量的差异。

东方大苇莺对“优质领地”的定义是不容易遭外敌攻击、没有被淹没的风险（芦苇地往往在水边，水位一旦上涨，鸟巢就有可能遭遇灭顶之灾）且食物丰富的地方。如果领地的质量存在极端的差异，“在条件好的环境下独自努力育雏”说不定比“雄鸟愿意配合，但领地的质量糟糕透顶”还强一些。

事实就是如此可悲，做抠门富人的小三，总比嫁给穷光蛋过苦日子好。情情爱爱什么的，姑且撇开不谈。

贫富如此悬殊，正是东方大苇莺采取一夫多妻制的原因所在。

日本树莺的大男子主义（？）更胜一筹。东方大苇莺的雄鸟好歹会帮大太太育雏，日本树莺的雄鸟却是名副其实的甩手掌柜，只会提供高质量的领地和动听的歌声。

日本树莺也是同时一夫多妻制，同一只雄鸟的领地里有三四只雌鸟营巢也不稀罕。雄鸟谁都不帮，一视同仁。这已然超出了大男子主义的范畴，堪称抛妻弃子。

雌鸟不惜一切找歌声动听的雄鸟是出于什么心理？是"只要能听你唱歌我就心满意足了"，还是"反正你也只会唱歌，我对你不抱任何期望"？恐怕我们很难按人类的思维分析出个所以然来。至于生物学层面的解释，就留到下一章再讨论吧。

彩鹬走肾不走心？

雄性靠艳丽的色彩和动听的歌声吸引雌性是动物界的主流，但也有些动物不走寻常路。彩鹬就是鸟类中的特例。

彩鹬是一种鸻鹬类涉禽，体长二十五至三十厘米，身材矮胖，常出没于灌了水的稻田和潮湿的休耕地。它们基本上是夜行性的，很少在晴朗的白天活动。若是昏暗的下雨天，倒还有可能在白天见着。

能观察到彩鹬的条件本就苛刻，再加上近年来它们的数量不断减少，连我都没正经看过几眼，叫声倒还听过那么几回。特征是嗓音低哑，重复"咕——咕——咕"。

言归正传。彩鹬最突出的特点就是"雌雄角色颠倒"。倒不是我思维僵化，先入为主，我想表达的意思是"彩鹬和大多数鸟类相反"。

首先，彩鹬是雌鸟的体形比雄鸟大。单论这一条，猛禽倒也是符合的。问题是，在繁殖期鸟喙变红的是雌鸟。建立、保卫领地的也是雌鸟。在夜里鸣叫的还是雌鸟。雌鸟主动找上雄鸟，求爱交配。巢由雌鸟建造，但雌鸟产卵后，是雄鸟负责孵卵。

带着孵化的雏鸟到处走，每天悉心照料的也是雄鸟。雌鸟产完卵就拍拍屁股走人，找另一只雄鸟交配，然后再次产卵。换言之，彩鹬采用的是连续一妻多夫制。

这样的鸟并不多见，但也还是有的，脚趾超长的神奇涉禽水雉就是一妻多夫制。它们主要分布在东南亚，雌鸟也是生了就跑。水雉还有个不寻常的特征：当危险逼近时，亲鸟会把雏鸟甚至尚未孵化的卵塞到翅膀下面“带着跑”。彩鹬逃跑时也会把孩子藏在翅膀下面。

这种奇特的习性十有八九是在湿地靠近地面处营巢的结果。在这样的环境下，水位不可能保持不变。如果把巢建在植物上，水位就算涨起来也不至于立即被淹没，地面上的巢则不然。遇到危险时带着孩子一起逃，有助于提高存活率。

一妻多夫制应该也是彩鹬应对环境变化风险的一种策略。**雌鸟不必孵卵育雏，这意味着它们可以在繁殖期内专心产卵。**其他鸟类得生一窝，养一窝，然后再生下一窝……一季能产多少卵，主要取决于孵化和下一代长大独立所需的时间，而非雌鸟的产蛋能力。

彩鹬则不必为此忧心，一旦恢复体力，就能寻找下一只雄鸟，交配产卵。如此一来，便能增加繁殖期内的产卵数，在高风险的环境下留下更多的后代。而且将卵分散在若干个巢还有助于规避“全军覆没”的风险。只不过，这种策略似

一夫多妻的东方大苇莺（上）和一妻多夫的彩鹬（下）。
人家压根就不纠结什么婚姻制度。

乎对雄鸟没什么好处。

然而，深入研究彩鹬夫妇的案例，你就会不由得生出一个疑问：它们真的是一妻多夫制吗？

当然，从“一只雌鸟在繁殖期内与若干雄鸟交配”这个角度看，彩鹬确实是一妻多夫制。但雄鸟也没闲着，完成育雏工作后，它们也会跟其他雌鸟配对。就算繁殖失败了，雄鸟也会立即与边上的其他雌鸟交配。换句话说，站在雄鸟的角度看，就成了“一只雄鸟在繁殖期内与若干雌鸟交配”，那岂不是和一夫多妻制一样了？

而且雄鸟和雌鸟从交配到孵卵初期恩爱有加，出双入对也是公认的事实。若将时间范围缩小到“夫妇在一起的时期”，说它们是一夫一妻制也并无不可。

因此，我们也可以如此定义彩鹬的习性——**“它们采用蜜月期极为短暂的一夫一妻制，分手后就会忘记对方，另找伴侣”**。到底该怎么描述鸟类社会才好呢？真是剪不断，理还乱。

将“大男子主义”“妻管严”这种人类社会的概念（在人类这一物种内部都不一定具有普遍性）随随便便套用在动物身上，恐怕不太合适。

鸟类才不讲究这些繁文缛节呢。它们在亿万年的演化中发展出了留下后代的方法，也算是实现了不至于让雄性或雌性的任何一方过于吃亏的繁殖成效。人类按自己的标准指指点点，还真是有些多管闲事了。

10

“疼爱”vs“放养”

乌鸦夫妇也会呕心沥血养育子女

“本能”也需要学习

说起“疼孩子”，大家肯定会联想到每逢节假日就陪孩子的顾家好爸爸。想当年我还小的时候，男孩能跟爸爸一起做的事情也就是玩玩抛接球了。

可惜我的父亲不好这口，和他出门的记忆仅限于上山徒步和采集化石，除此之外一律躺平（也就是在睡大觉）。不过他好歹会在节假日中午起床，做点炒面、大阪烧、章鱼烧或拉面给我吃，所以绝不是对孩子漠不关心。

我长大成人后既会爬山，也会做饭，却对球类运动一窍不通，对棒球更是全无兴趣。可见幼儿时期的经历是多么重要。

言归正传。**人们在日常生活中经常使用“本能”一词，但在今天的生物学界，这个词已经很少用了。因为它似乎能解释一些东西，却又没解释到位。**

例如，大雁的雏鸟一看到猛禽的轮廓就会反射性地躲起来。刚破壳的雏鸟就是如此，人工饲养的个体也有同样的反应。看到同类的轮廓则是不躲不藏。这意味着雏鸟“知道”那是同类，不必惊慌。假设我们将这种奇妙却并非后天习得的智慧总结成“大雁的本能”——

“这就是大雁的本能。”这话听着还挺有说服力的，但我们不过是把“奇妙却并非后天习得的智慧”替换成了“本能”一词而已。当你为雏鸟展示的“奇妙却并非后天习得的智慧”惊叹时，如果有人告诉你“这就是一种奇妙却并非后天习得的智慧”，你会信服吗？

所以我才说，“本能”一词似乎能解释一些东西，却又没解释到位。

如果用现代术语去阐述小雁的行为呢？它们的行为显然分为两个阶段。

第一阶段是“先天反应”。小雁起初是见什么都躲。这说明输入视觉刺激时会触发特定的反应，引发“趴在地上”等行为。人类的婴儿也会反射性地握住自己的手碰到的物体，而动物有各种反射性反应。这个现象非常有趣,但也十分寻常。

第二阶段是习得“如果飞起来的是大雁就无视”。学界认为这是一种习惯化（对不断给予的刺激的反应变得迟钝）。之所以习惯，是因为一天天长大的小雁常能看到在天上飞的大雁，却很少看到在天上飞的老鹰。人工饲养的研究案例也没有和其他大雁完全隔绝，所以小雁肯定见惯了大雁。

换句话说，“渐渐不再对大雁做出反应”是脑的先天结

小灰雁一见猛禽的轮廓就躲。
这是与生俱来的？还是后天学习的？

构（对频繁经历的刺激反应迟钝）和经验（经常看到什么）综合作用的结果。

从这个角度看，小雁的行为是“先天结构与反应”和“基于经验的学习”的结合。**所谓的本能，其实是先天因素和后天因素结合而成的一系列行为。**将其统称为“本能”也并无不可，但停留在这一阶段，就无法推动对“动物身上究竟发生了什么”的研究。这就是学界不再使用“本能”一词的原因。

许多动物可以通过学习改变其行为，但“学什么 / 可以学什么”往往由先天决定。学习也不是在一生中的任何一个阶段都可以进行，有些动物会在某个特定的时期接收并记忆信息，这个时期被称为“敏感期”（sensitive period）。

例如，十姊妹在雏鸟阶段有学唱歌的敏感期，长大以后再学就来不及了。但部分在唱歌时模仿其他鸟类（有时甚至不一定是鸟）叫声的物种并没有特定的敏感期。澳大利亚的华丽琴鸟长大之后也能记住自己听到的各种声响，连照相机的快门声和掌上游戏机的电子效果音都学得惟妙惟肖。

人类讲究“指导”，动物倾向“试错”

人教孩子的时候往往比较侧重“指导”。

我小时候是通过观察父亲学会了怎么煎荷包蛋，但在这个过程中，他会时不时指点我一下。“火太大了”“放这么多水就够了（他习惯稍微加点水然后加盖焖一会儿，舀水直接用碎蛋壳）”“差不多了”诸如此类。

动物却不会采用这种指导型教育法。

我没有详尽研究过所有动物的学习模式，但据我所知，动物似乎不会“明确地教育后代”。不过在孩子试图做危险的事情时，有些家长还是会制止的。许多人以为爬行动物产完卵就不管了，但事实并非总是如此。例如，一些鳄鱼会保护它们产下的卵，并在孵化后的一段时间内为孩子保驾护航。它们甚至会将小鳄鱼引导到河边，如果觉得水流过于湍急，就拿自己的身体当防波堤。要是小鳄鱼试图翻过去，家长还会将其赶回水流较慢的地方。

当然，猫之类的动物会将半死不活的猎物带回给孩子，言外之意是“从搞定它试试”。但家长做的也仅限于“准备还活着的猎物”而已，“先观察，再用前爪按住，对准脖子咬”这样的教育指导是一点都指望不上。孩子会尝试各种方法，在这个过程中自行领会。

动物基本上都采用这种“试错学习”。从这个意义上讲，它们是自学成才，没人教它们该怎么做。**人类则不然，会将诀窍整理成体系加以传授。相较之下，动物的做法在效率上可能要差一些。**

为什么会出现这样的差异呢？这个问题可不好回答。不过动物和人类有一个非常大的区别——人会使用语言。在不使用语言的前提下表达对未来的预测、假设和抽象概念，难度可想而知。如此想来，动物也许是很难在没有语言的情况下指点孩子：“应该这么做，你来试试！”

但细细回想童年，你就会意识到手势也能在某种程度上实现这一目的。再者，“人类如何发展出了语言”仍是个未解之谜，将一切归结于语言也解决不了根本问题。

不过也有人认为，人类也许就是因为拥有了语言才失去了看清细节的能力。黑猩猩能牢牢记住只瞥了一眼的图片的细节，却不善于把握“图片整体上是什么”。人类则恰恰相反，往往是“知道那是人脸，但没看清发型”。

持上述观点的人认为，由于人类有“人”“脸”这样的抽象类别词汇，看到东西的第一反应就是分门别类，于是就下意识忽略了那些与分类没有直接关系的细节。

也许动物虽然无法用语言指导，观察起来却是细致入微。不过这都是题外话。目前还没有证据证明“看得细是动物得以正确学习的原因”。

动物的学习为何有限

试错学习也不是完全没有“依样画葫芦”的部分。例如，离巢阶段的乌鸦幼鸟对觅食行为的学习显然有部分建立在“模仿亲鸟的行为”上。

小嘴乌鸦的亲鸟知道什么东西能吃，也知道高效觅食的方法。因此它们会边走边观察地面，发现橡子和昆虫就叼起来。幼鸟也有样学样，叼起各种东西，但基本都是落叶、石头或树枝，能吃的寥寥无几。

换言之，它们已经掌握了“看地面”和“专挑大小合适的东西”这两点，至少比看着空无一物的半空要强。

由此可见，幼鸟至少可以模仿亲鸟学习“该注意的地点与对象”，但更具体的就得自己摸索了。

学习小窍门时也是如此。乌鸦有时会吃苹掌舟蛾的幼虫，但这种幼虫相当大，而且浑身都是毛。虽然没有毒，可看着就不好下嘴。所以乌鸦抓到这种幼虫以后都要先在地上蹭一蹭，去了毛再吃。

“把毛蹭掉”的难度似乎相当高，具体步骤如下：用喙的顶端夹住虫子头部不怎么长毛的位置；按在地上摩擦；毛脱落后用爪尖按住虫子，从末端开始吃“馅”。出生不满一年的小年轻基本上都搞不定。

想叼起来吧，看着怪扎嘴的，犹豫不决。伸爪子也不够果断，一副“不敢碰”的样子。不等它纠结完，虫子就掉下了树枝——抓上树这一步就已经走错了。

与成熟的个体相比，年轻个体的表现着实糟糕，简直是前怕狼后怕虎（一岁左右的年轻乌鸦嘴里还留有红色，一看就知道是小年轻还是老资格）。这种差异就是试错经验多寡的结果，姜还是老的辣。

话说我曾观察到一只大嘴乌鸦另辟蹊径，先将毛毛虫插到落地的树枝与地面之间，再用爪子踩住树枝将其固定，这样就不必直接用爪子碰虫子了。这倒是个绝妙的点子，但周围的个体都没有这么干的。不难想象，这类从未传播开来，也从未被观察到的昙花一现型绝招应该还有许许多多。

顺便一提，那只天才大嘴乌鸦起初还踩着树枝小口小口地吃，但最后许是没了耐心，把那毛毛虫整条吞了下去。**哎，你都不介意把它整个吞下去，踩一下又有什么关系嘛！**

问题是，这样的学习方式很难实现技术上的飞跃。有一次，我看到一只大嘴乌鸦在“观察”面前的小嘴乌鸦觅食，并做出了一系列耐人寻味的行为——

小嘴乌鸦在河边翻动石头，找水生昆虫吃。但大嘴乌鸦似乎没有“不管那里有没有吃的，姑且先翻开看看”的意识。对后者而言，“那里有食物”的明确刺激似乎更为重要。

只见大嘴乌鸦盯着地面看了片刻，然后叼起一颗小石子，接着是一根小树枝。它学着小嘴乌鸦的样子观察地面，却只找到了这些值得一捡的东西。在大嘴乌鸦的认知里，水边的石头和周围的一样，“就只是普通的石头”。它不明白拨弄那些石头的理由。

它又观察了一会儿小嘴乌鸦，然后将喙凑近水面。换句话说，它理解了“瞄准水边或水下”的部分。只见它铆足了劲，啄向顺流而来的水泡。虽然领悟到了“水面”这一层，却无论如何都无法将“平平无奇的地面本身，也就是石头”视作重要目标。

不过那已经是二十年前的老皇历了。近年来，东京的大嘴乌鸦也翻起了公园的落叶，只是技巧还不如小嘴乌鸦那般娴熟。

这个例子告诉我们，与动物日常的认知和行为相去甚远的行动是很难掌握的，因为它们想试错也“试”不了，永远都无法得出正确答案。

儿子的前途取决于父亲的歌喉

鸣禽（songbird）是鸟类中的一个类群。这个词原本指代叫声优美的鸟类，但在学术层面特指“能学习并记忆亲鸟叫声的鸟”。因此严格意义上的鸣禽就只有雀形目、鹦鹉和蜂鸟。

鸟儿一展歌喉，一方面是为了告诫有竞争关系的雄鸟“这是我的地盘，不许进来”，一方面则是为了向周围的雌鸟宣扬“歌王在此”。唱歌是一种成本很高的行为，学习复杂的歌曲费时费力，大声歌唱也离不开充沛的体能。

而且站在高高的枝头放声高歌，就等于是对捕食者暴露了自己的位置，加大了被捕食的风险。换句话说，唱歌也是在向雌鸟宣传："我有足够的实力引吭高歌，还有过人的生存技能，唱这么响都死不了！"

这意味着雌鸟能将"歌喉的好坏"用作评判雄鸟能力的指标。**于是雌鸟倾向于选择唱得更好的雄鸟，雄鸟则拼命提升唱功，以赢得雌鸟的青睐。这就是鸟鸣演化得如此婉转动听的理由。**

通过观察十姊妹，研究人员发现雌鸟更偏爱复杂的歌曲。因为先录下雄鸟的歌声，再人工改编成更复杂的版本播放出来，雌鸟便会给出更明显的反馈。不知道是歌曲的复杂化在先，还是雌鸟的偏好在先，反正雄鸟的歌声确实是按照雌鸟的口味日趋复杂了。

但歌声终究不可能无限地复杂下去。如前所述，唱歌的成本很高。对歌声的控制涉及大脑的若干神经核，而大脑能耗极高，不能随随便便拔高它的性能。产生叫声的硬件"鸣管"也不是什么样的声音都能发出来。

野鸟还面临着另一个问题。动物行为学家冈谷一夫率领的研究小组发现斑文鸟（十姊妹的原种）的歌声模式存在地区差异。和没有近缘种的地区相比，在有近缘种的地区，斑文鸟的歌声更为多样。这是因为歌声在识别同类的过程中也发挥着关键作用。

歌声再纷繁多样，也得控制在一听就知道"我是斑文鸟"的范围内，否则反而不利于繁殖。**人类歌手也不能太出格，**

否则容易把粉丝吓跑，道理是一样的。

这意味着鸟的歌声应该能在无须担心食物和天敌，也无须吸引配偶的状态下快速升级。宠物鸟十姊妹的歌声也确实比斑文鸟的更复杂多变，技术含量也更高。

值得注意的是，十姊妹一直以来都作为宠物被饲养，人们看重的也不是它们的叫声。换句话说，人们并没有对十姊妹进行过以“歌声好听”为标准的筛选。是摆脱了种种制约的十姊妹自己发展出了更复杂的歌声。

构成鸟类歌曲的“音”被称为音素，音素组成乐句，乐句组成旋律。鸟无须学习就能发出音素，也能发出近似于乐句的一连串音素。因此这是它们与生俱来的先天性状。

但没有学习过的鸟无法完成乐句并将其汇成旋律，榜样的示范必不可少。

问题是，鸟是离巢后才开始歌唱的，不能直接边听范本边唱。不过它们记得雏鸟时期听到的成鸟歌声，会一边回忆，一边与自己的歌声做对比，通过反复练习巩固掌握。换句话说，最后打造出来的歌声是否动听，不仅取决于当事鸟自身的天赋和练习，还与榜样的歌喉高度相关。

鸟儿学唱歌时往往以父亲的歌声为范本。因为父亲是离巢最近的歌手，雏鸟最常听到的就是父亲的歌声。**这也是雌鸟选择唱功好的雄鸟的原因——如果儿子不仅继承了爸爸的生活技能，还学到了爸爸的好嗓子，以后就不愁找不到媳妇，定能子孙满堂。**

我在第 9 章里介绍过日本树莺的雄鸟是多么不顾家，其

小树莺以爸爸为榜样学习歌唱。
当爹的只教儿子这一招。

实雄鸟以父亲的身份传给孩子的就是它们的歌喉。雏鸟听着父亲的歌声长大，学习对繁殖至关重要的歌曲。虽无言传，却有身教，而这也是一种重要的学习。

话说养树莺的人常会给自家的鸟儿找个唱功好的师父带一带。当年甚至还有专门面向树莺的学校，让歌声动听的树莺给“学生”们做示范，按课时收取费用。

名副其实的甩手爹妈

上一节介绍了看似啥也没干，实则默默“身教”的亲鸟，想想还挺有戏剧性的。不过有些亲鸟是名副其实的甩手掌柜，对孩子完全放任自流。

“筑巢、产卵、孵卵”是鸟类世界的常识，冢雉科的鸟类却颠覆了这一传统。

顾名思义，冢雉的雄鸟会收集泥土和落叶堆砌土冢。以丛冢雉为例：丛冢雉和火鸡差不多大，建造的土冢的直径却可达数米。雌鸟会在土冢上挖洞产卵，用落叶盖好，就此一去不复返。

落叶发酵产生的热量足以维持土冢的温度，所以冢雉们无须孵卵。雄鸟会把喙插入土冢测温，视情况移除或添加落叶，调节出恰到好处的温度（有些冢雉干脆把土冢建在沙滩上，充分利用太阳能，栖息在火山地带的则会运用地热）。总而言之，冢雉孵化全靠周围环境的热量。

天知道它们是如何开发出了如此奇特的方法，但对拥有土冢的雄鸟而言，这么做至少能带来一个好处：如果鸟需要亲自孵卵，那么“能用自己的肚子盖住的数量”便是上限。而冢雉的蛋埋在巨大的土冢里，想“孵”多少都不成问题。事实上，若干只雌鸟在同一座土冢里产卵是常态，一座土冢里埋上五十个蛋也是常有的事。

可这样会导致另一个问题：雏鸟足有五十只，亲鸟怎么照顾得过来呢？别担心，小冢雉一破壳就能在森林里独自谋生，不需要亲鸟照顾。

换句话说，冢雉的雄鸟只需要守护土冢并做好控温工作即可，无须照顾下一代。雌鸟就更不用说了，把蛋生下来就算是完成了任务。**在“对后代放任自流”这方面，无鸟能出其右。相较之下，鳄鱼对后代还更负责那么一点点。**

虽然前文提到“用土冢能一下子孵出许多蛋，所以比较划算”，但考虑到孵化后的存活率，这种做法到底划不划算就得打个问号了。我甚至怀疑它们是因为对后代疏于照料导致死亡率居高不下，才不得不一下子孵出几十个卵，于是“埋进土冢”便成了唯一的选择。

走教父路线的丛鸦

父母能留给孩子的东西主要是基因和肉体。父母的养育可以确保后代的营养和安全，并为它们提供学习的机会。有时候，孩子不仅能从父母身上学到东西，还能得到老一辈留下的“遗产”。栖息于美国的丛鸦便是这方面的典型。

丛鸦生活在加利福尼亚州等地的干燥地带，顾名思义，在灌木“丛”中营巢。**有趣的是，小丛鸦离巢后不会独立生活，而是留在父母身边，在下一个繁殖期帮忙养育弟弟妹妹。**这种帮忙养育弟弟妹妹的个体被称为“帮手”，许多鸟类都有。研究得比较多的例子是分布于非洲的斑鱼狗。

斑鱼狗有两种帮手。一种是血亲，称“一级帮手”。在这种情况下，帮手养育的是自己的弟弟妹妹，即可能与自己带有相同基因的个体。这也是最常见的帮手。

自己繁殖下一代（孩子继承一半的基因）肯定是最理想的，可要是由于种种原因无法实现的话，帮忙养育弟弟妹妹、壮大血亲阵营总比什么都不做要好（兄弟姐妹之间有四分之一的概率共享基因）。

另一种则是没有血缘关系的“二级帮手”。帮非亲非故的陌生人养育后代简直莫名其妙，但这其实是第 5 章介绍过的“燕子夺巢”的温和版。帮手以参与育雏换取留在领地的机会，短时间内无须为生存担忧，还能顺便操练操练育雏技能。等领地的所有者死了，便能取而代之。

这就相当于是在后继无人的拉面馆当住家小工。不过血缘关系的重要性是毋庸置疑的，研究结果显示，二级帮手干起活来就是不像一级帮手那么上心。

说回丛鸦吧。丛鸦的帮手是一级帮手。但它们的主要任务是保卫领地并积极扩张，而非喂养雏鸟。不以家族为单位守住辽阔的领地，就无法保障充足的资源，最要紧的营巢地（灌木丛）也会不够用。毕竟不是到处都有适合营巢的大规模灌木丛。

因此，丛鸦会誓死捍卫营巢地，并伺机谋取邻近的灌木丛，为此开展激烈的斗争。

若能在帮手的帮助下成功扩大领地，领地的主人便会“分封”帮手。于是年轻个体便能获得新领地，自行繁殖。而它们的后代又会成为帮手，与亲戚们携手扩张。

换句话说，丛鸦能从父母那里继承领地。不，应该说年轻的丛鸦能从父母那里分到领地。**家族团结一心死守领地，强势扩张，再将新领地交给下一代……丛鸦的思路像极了战国武将和黑手党，把它们想象成电影《教父》中的柯里昂家族就很好理解了。**只不过年轻的丛鸦不会因为嫡系的一句话

丛鸦版柯里昂家族。
为家族利益与领地开战也在所不惜。

就人头落地，也不用交保护费就是了。

当然，也不是所有丛鸦都会留在父母身边，也有远走高飞寻找新天地的个体。

严父慈母

乌鸦的育雏方式也是各有千秋。在日本繁殖的大嘴乌鸦和小嘴乌鸦都采用一夫一妻制，夫妻携手保卫领地，但也不是所有乌鸦都这样。不过乌鸦的领地不一定有严格的界线，密度太高时领地就会变得极小。当年在上野公园曾有过“一对乌鸦只能勉强守住鸟巢周围十米”的例子。

据说在这种状态下，常有别家的雏鸟误入巢中，亲鸟却无知无觉，谁家的孩子都一样喂。与其说这是“疼爱孩子”的表现，倒不如说它们是在“盲目乱喂”。不过嘛，这也是亲鸟在喂养阶段的常态。

虽说雄鸟和雌鸟都会喂养下一代，但双方对待孩子的方式并不完全一样。日本的乌鸦就只有雌鸟孵卵。小乌鸦破壳时赤身裸体，需要在亲鸟的怀抱中待两周左右，否则就会冻死，而这项工作也由雌鸟完成。

但我曾目睹小嘴乌鸦的雄鸟在突然下冰雹时回到鸟巢，犹犹豫豫地张开翅膀护住孩子，那模样像极了不习惯带孩子的父亲给宝宝换尿布，很是有趣。这个例子告诉我们，雄性也不是没有这种行为模式。

我也在日本树莺中观察到过类似的案例。前文提到雄性树莺完全不参与育雏，但我曾见证过一幕非常稀奇的景象——

那天我们到处寻找树莺的巢，以调查河岸的鸟类分布情况。明明有小 H 和小 K 这两位树莺专家同行，却迟迟没能找到鸟巢，以至于我们三个都不得不把头伸进灌木丛中。

找着找着，小 H 终于抓到了一只刚离巢的幼鸟。虽然没找到鸟巢，但这也是繁殖的证据，于是我们掏出相机拍起了照。就在这时，一只叼着食物的雄鸟飞了过来。之所以确定那是雄鸟，是因为它戴着脚环。完成拍摄和测量工作后，我们将幼鸟放回灌木丛。只见那只雄鸟立即冲进我们放幼鸟的地方。等它钻出来的时候，叼着的食物已经不见了。虽然我们没看到喂食的画面，但食物十有八九是喂给了幼鸟。

尽管当时的情况非常特殊（幼鸟被抓大叫），但一想到“连雄性树莺都无法对身陷困境的孩子视若无睹”，我着实有些感慨。

到了幼鸟离巢独立的阶段，乌鸦亲鸟的行为会再次出现性别差异。小乌鸦待在父母身边的时间比较长，一般在五月到六月离巢，但至少要到八月才能独立生活，拖到十月也是常有的事，在父母身边待到第二年的情况都有。不过孩子要是迟迟不独立，亲鸟就会开始驱赶。

大家也许有机会在深秋时节看到两只乌鸦在领地内开展激烈的空战。乌鸦时常跟同类打架，但很少打得难舍难分，因为入侵领地的“外人”会迅速逃离。即便有这种情况也是在早春，因为乌鸦会赶在那一年的繁殖期到来前重新划定领地的边界。

仔细观察在秋季大打出手的乌鸦，就会发现其中一方并没有要逃跑的意思，而是非要留在领地内，所以打斗才会不断升级。被驱赶的一方往往羽毛暗淡，口中的红色也尚未褪去。换句话说，那是当年出生的小乌鸦。

在此基础上继续观察，就会发现除了那只追着小乌鸦跑的，还有一只在不远处旁观的。它也许会和打斗双方一起飞来飞去，但不参与其中，即便参与也非常消极。

中村纯夫通过研究发现，小嘴乌鸦的雄鸟对孩子更具攻击性。我见过大嘴乌鸦做出类似的行为，看来它们也是如此（不过大嘴乌鸦基本上都在夏末离巢独立，不太有赖着不走、逼得家长出手赶人的家里蹲）。

飞来飞去却不参与攻击的便是雌鸟，还是当妈的比较心软。被驱赶的小乌鸦有时会躲在母亲身后。遇到这种情况时，雌鸟会左看看右看看，脑袋一歪，仿佛在说："这可如何是好啊……"据中村推测，比起"父母双方齐齐暴怒大力驱赶"，"父母的愤怒程度略有差异"可能更有利于小乌鸦过渡至独立。

离巢的小乌鸦似乎会时不时回家看看。举个小嘴乌鸦的例子吧（我没做个体标记，也不敢百分百确定就是了）。子女独立一个多月后，一只与离巢幼鸟高度相似的小年轻悄然现身，在领地里大摇大摆地觅食。

当时也是像雄鸟的那只表现出了更明显的攻击性，疑似雌鸟的个体却是温柔以待。若是寻常的入侵者，又岂能让它优哉游哉地找吃的。换句话说，那只雄鸟对小年轻表现出的攻击性似乎比平时遭遇陌生人时略轻了几分。

虽没有十足的把握，但我也许观察到了"离巢独立的孩子因某种原因回到老家蹭吃蹭喝"的一幕。父亲火冒三丈，却没下狠手驱赶，母亲嘴上唠叨，却也是欣然接纳。

如此想来，鸟其实也有极具人情味的一面。当然，人类和鸟类的生理功能和认知功能相去甚远，但至少有一个共同点：悉心照顾孩子，等孩子能独立生活了才放手。鸟类普遍奉行一夫一妻制也是人们对其产生亲切感的理由之一。

鱼类、昆虫与人类的共性虽小，但我们仍能归纳出两个共同点——“生存至上”和“留下后代”。只要深入推敲“某种行为的意义”（并从“人也是一种动物”的角度去解释人的所作所为），便能在双方之间找到些许交集。

毕竟地球上所有的生物，归根结底都来源于同样的原初生命体。

后 记

这本名字奇长的书至此落下帷幕。[1]

书名中明明提到了鸽子、鲨鱼和海豚，正文里却没怎么提，还请读者朋友们海涵。我很喜欢鲨鱼，却终究不是研究这方面的，不敢误人子弟，还是请教“含鲨量”比我高的专家为好。至于鸽子，它们的行为是动物心理学领域的深奥课题，解释起来很是费劲，侃侃而谈反而会暴露我的一知半解。海豚也是如此。

我也知道大家可能已经烦透了这种“用夺人眼球的动物名字吸引读者”的套路，不过从某种角度看，这也与生物的生存策略有着异曲同工之妙。平时经常看书的朋友也许会在结账前浏览一下目录，大致判断出这本书的内容，嘲讽一句“呵，又玩这种老掉牙的把戏，还取了个一眼就能看穿的书名，

1 本书的日语书名是《カラスはずる賢い、ハトは頭が悪い、サメは狂暴、イルカは温厚って本当か？》，直译成中文是“乌鸦狡诈，鸽子蠢笨，鲨鱼狂暴，海豚温顺，真的如此吗？”。

这家伙也江郎才尽了啊”，随即冷笑着把书放回书架。

不过，如果你正在阅读这段文字，那就意味着我还算走运，上面描述的情况并没有发生。

我毕竟是研究乌鸦的，所以常有人问我关于乌鸦的问题。例如——“是不是跟乌鸦对上眼就会被啄啊？”

还有“乌鸦会故意往人身上拉屎吗？”“乌鸦会报复欺负过它们的人吗？”“乌鸦会成群结队来报仇吗？”……

先统一回答一下：“即便和乌鸦有眼神接触，它们也不会发动袭击，反而会主动移开视线”“没有证据表明它们排泄时会故意瞄准人”“麻烦先给出‘报复’的定义”“乌鸦不会集结起来为其他个体出头”。

这些问题有一个共同点：提问者试图从人类（有时最多是猴子）的角度去解释乌鸦的所作所为。

在人类社会，看着对方的眼睛往往意味着“找对方有事”。死死瞪着人家，也会被解读成“挑衅”的信号。人类对粪便比较排斥，于是“瞄准人拉屎”就成了骚扰找碴。人会报复欺负过自己的人，呼朋唤友替自己出头也是常有的事。

但是请大家注意，上述现象都基于“人”这种动物的特性。人的体格大同小异，一对一单挑还能打个有来有往。可乌鸦比人小得多（体重仅有人类的百分之一），两者根本打不起来。

乌鸦对排泄物持无所谓的态度，又怎会关心拉屎时地面上发生了什么。

它们可能会记住并提防欺负过自己的人，或试图将这个人赶出自己的领地，但不会打击报复。再说了，除了直接攻击和威吓，乌鸦恐怕都不明白“怎么样才算是在报复人类”。

乌鸦对配偶和血亲以外的个体极为冷漠。它们不关心其他个体的生死。只要不影响自己，怎么样都无所谓。看到其他乌鸦死了，它们可能会表现得比较亢奋，吵吵嚷嚷，以寻找潜在的敌人，但那并不是在振臂高呼“为同伴报仇雪恨”，不过是在瞎嚷嚷罢了。

而且鸦群中虽有序位之分，却没有指挥系统，所以也不会出现“老大命令手下干这干那”的情况。

人类就喜欢像这样将自己的行为模式投射到动物身上，自说自话勾勒出并不符合实际情况的动物形象，还对其评头论足。

不过人类一厢情愿赋予动物的形象以故事的属性，也是我们理解世界的一种方式，一如古人创造的神话与传说。那些讲述“乌鸦给同伴办葬礼”“乌鸦奸诈狡猾”的“故事”，也足以令人信服。

但故事不止一个。**基于生物学的理解，也是我们看待世界的一种方式。**

“动物眼中的世界是什么样的”——拥有这样的视角百利而无一害。看到乌鸦对垃圾袋蠢蠢欲动，远眺歌唱的鸟儿……**若要在观察野生动物时跳出人类的常识，站在动物自身的角度审视世界，运用生物学思维就是一种极其正确的方法。**

当然，用哪种观点取决于具体情况。和猫猫玩耍的时候，我也不会去琢磨“猫是捕食者，会反射性地追逐在动的东西，这就是它们提高适合度的方式”，显然是无脑学猫叫，和猫猫玩到一起更开心。

但在嬉戏的间隙，我还是会时不时地冒出这样的念头——“嗯？刚才的行为是怎么回事？”。这也算是生物学家的职业病吧。

原书文库版结语
别以为学者就一定 ××
对科研工作者和科学的误会

本书与大家探讨了许多关于动物的误会。在最后，让我们再聊聊研究动物的科学家，还有科学与演化吧。

生物学家也能细分成好几类。可以按“研究对象”分，也可以按“主攻野外调查还是实验室”分。不过**研究人员在推进研究的过程中有一个绕不过去的问题，那就是“自己想做的研究是以主题为导向，还是以物种为导向”**。

什么叫“以主题为导向”呢？比方说，某生物学家先研究乌鸦的贮食行为，再拓展到“其他生物体有怎样的贮食行为？”“和乌鸦有何异同？”，深挖“贮食对生物有何意义”这一主题，那他就是“主题导向型生物学家”。

与之相对的则是“以物种为导向”。研究过乌鸦的贮食行为之后，又对它们吃储备粮的顺序产生了好奇，心想“它们会不会从自己喜欢的东西吃起呢？有没有口味偏好呢？”，进而研究起乌鸦的味觉，然后是嗅觉，再回到视觉，延伸到乌鸦的羽毛颜色……换言之，所有的研究都与乌鸦密切相关。

我们也可以说，这类生物学家抱有“全方位剖析乌鸦”的态度。

物种导向型生物学家往往是“研究对象的骨灰粉”。他们钟爱的也许不止某个种，而是更宽泛的属、科或目。这种人出席学术研讨会时都会不假思索地穿上印有研究对象的T恤，包上还别着相关物种的徽章，一看就知道他们是研究什么的。

主题导向型则不拘泥于研究对象。也许主题才是他们关注的焦点，研究对象不过是材料而已。科研论文里还真有一个章节叫“材料与方法”,研究对象物种就属于“材料”的范畴。这个词原本指代实验材料和样本，但在科研领域，被科研人员观察的活体动物也算“材料”。

不过听说京都大学动物行为学研究室的日高敏隆教授很抵触这个说法，一律只说“研究对象”。

总之，如果某位生物学家的研究主题是“潜水行为”，那他就会接连研究海龟、企鹅、海鸥、海豚的潜水行为，满脑子都是剩余浮力、氧饱和度、游泳速度、潜水深度……生物本身反而有点靠边站的意思。

从这个角度看，“别以为××学家就一定喜欢××”在逻辑层面挑不出一点毛病（明眼人想必已经看出，这句话是在向川上和人老师的著作[1]致敬，我相信那个书名也包含了他

---

1 此处指的是川上和人的著作《鳥類学者だからって、鳥が好きだと思うなよ》，书名直译为“别以为鸟类学家就一定喜欢鸟”。中文版名为《鸟有什么好看的》（南海出版公司）。

特有的含蓄）。

当然，即便是以主题为导向的生物学家，也需要实际捕捉、测量并观察动物，不亲近动物是不可能的，搞不好会出现“明明是研究潜水的，却迷上了当前的研究对象企鹅，都有些分不清主次了”这样的情况。所以我们往往也无法简单粗暴地以“主题或物种”加以区分。

我当初要是没研究乌鸦，十有八九也会去研究其他动物（至于是猴子、狼、章鱼还是鸻鹬就不得而知了），所以我也算不上百分百的乌鸦主导型，没到“眼里只有乌鸦，对别的一律不感兴趣”的地步。

但我也觉得吧，自己应该不算“主题主导型”。因为比起偏概念的东西，我对具体的、有形的东西更感兴趣。

公众对“学者”也抱有刻板印象。我偏要振臂高呼——

别以为学者个个都穿白大褂！

所谓白大褂，就是做实验时套在最外面的白衣服，可有效防止里面的衣服被试剂弄脏。白色布料上沾到试剂会非常显眼，万一碰到了危险药剂也能及时发现。听说厨师穿白色制服也是为了保持干净。

医生的手术服本来也是白色的，但白衣和鲜红的血液反差太大，现在改成了蓝绿色。说是因为看久了血以后，要是一抬头看到白色的东西，视野中就会闪现与红色互补的蓝绿色残影。

如果你需要做实验，又怕弄脏衣服，穿白大褂确实方便得很，但也不是非穿不可。系着围裙做解剖的人也是有的。

再说了，自然科学领域的研究也不仅限于“在实验室里做实验”。

野外生物学就是先跑野外，再回实验室的办公桌整理数据。当然，野外生物学家做室内实验（例如基因研究或化学分析）的时候可能也会用到白大褂，但它终究不是必需品。去主战场，也就是野外考察是不折不扣的户外活动，全副武装下来，乍看就跟钓鱼、登山爱好者差不多。

老手轻装上阵倒也是常有的事（我也曾穿着短裤、踩着凉拖在水边调查，但考虑到受伤的风险，并不建议大家模仿），但如有必要，我们就会换上登山鞋、雨衣等正经的登山装备。

我有时也会琢磨，“学者＝白大褂”的印象怎会如此根深蒂固？原因之一可能是初中和高中的理科[1]老师经常穿白大褂。影视剧和漫画里的“理科老师”角色也都穿着标志性的白大褂。

有些老师确实是不做实验也穿白大褂，他们大概是把白大褂定位成了某种制服或工作服吧。但不穿白大褂的理科老师应该也不在少数。

说起和白大褂挂钩的角色，大家肯定会立刻联想到“神探伽利略”——帝都大学的汤川学副教授（最近升教授了）[2]。

1 日本学校的“理科”涉及物理、化学、生物和地球科学等领域。

2 出自东野圭吾的“伽利略系列”推理小说。主角汤川学最初设定为副教授，在《沉默的巡游》后升为正教授。

福山雅治饰演的汤川老师每集都穿着白大褂登场，观众们定是印象深刻。**不过单就剧情而言，需要他穿白大褂的场合是少之又少。**而且剧中常有他狂写公式的桥段——如果那就是他做研究的方式，压根就不需要穿白大褂。

汤川老师好像常会组装设备搞搞实验，但这种场合需要的是工作服而非白大褂。做爆炸成形实验就更不用说了，工作服怎么够用啊，怕是得穿防护服。其实他在原著里也不太穿白大褂的。

换句话说，**汤川老师的白大褂不过是舞台设计的一部分，却阴差阳错地巩固了“学者 = 白大褂”的印象，于是影视剧作品就越来越离不开这个元素了**……简直是教科书般的作茧自缚（而且你上哪儿找颜值那么高的教授啊，“物理课的教室里坐满了冲着老师来的女生”也是小概率事件）。

但这也不过是“在内行看来有点‘尴尬’的描写”而已。与现实相去更远的是另一种深入人心的印象——“手握重权的学术协会牢牢控制着一众学者”。

呃……学术界能细分成若干领域，不同的领域有不同的情况，所以我也不敢一概而论，但至少在我置身的这个世界，无论你是埋头搞些总也出不了结果的研究，还是惹恼了位高权重的泰斗，都不至于被雪藏或开除。

再说了，日本鸟类学协会和日本动物行为学协会都是只要缴纳会费就让进（也确实有很多不是专业研究人员的协会成员）。协会也无权干涉、阻止个人做研究，更无法将某人永久驱逐。

因此，“傲慢的教授一手遮天，忙着争权夺势，抢夺小年轻的研究成果，以自己的名义发表”之类的《白色巨塔》[1]型事件在我们这行基本是没有的。应该……没有吧。呃，搞不好还真有（把课题组老板列为共同作者的做法倒是相当普遍。我个人也不太喜欢这个惯例就是了）。

话说前面提到的“汤川学”是科学家，但小学生、初中生和高中生学的是“理科”。“理科”这个科目名称翻译成英语是“science”，转译成“科学”倒也不是不行，但日语里不说“科学课”。

“理科”和“科学”就是这么难以区分，不过我个人认为，**“理科是有正确答案的，但科学没有”**。

假设某人对某种自然现象产生了疑问。照理说，这个问题肯定是有正确答案（真理）的，那我们要如何获知这个答案呢？

要是能找到神明或贤哲，事情就好办了——让他告诉你就成。可惜神明与贤哲不是随随便便就能联系上的，反正我是从来没见过。于是人们只得绞尽脑汁，集思广益，这便是“科学”。

请大家注意，“基于看得见、摸得着的证据，在逻辑层面进行描述和验证，然后相互检查以提升准确性”是科学的必经步骤。科学研究只有以论文的形式发表出来才算是正式

1 山崎丰子的小说，有同名电视剧，描写了医学界的尔虞我诈与争权夺利。

公布，而论文登上专业期刊之前需要接受同行评议。

“这逻辑不通啊”“是不是还有这样的可能”……审稿人会给出种种意见。作者要根据这些意见对论文进行修正，或与审稿人探讨一番。只有得到了审稿人的认可，让他们觉得“哦，有道理”“嗯，这么写的话，论点就没什么不合理的了”，论文才能正式登上期刊。

但研究终究是人在做，出错在所难免。就算有一群人反复推敲，重重验证，还是有可能出错。**遇到这种情况时，谁都可以跳出来说：“这个观点不对。”**

提出异议意味着挑战现有的理论，说服大家的难度可想而知，“闹了半天是自己错了”也是常有的事（真有那么容易被挑出来的毛病，肯定早就被别人发现了。反过来说，存在时间越久的理论就越是难以找到可以指摘的毛病）。但要是能让大家心服口服，现有学说就会被立刻颠覆。

目前被认为是“正确”的科学理论和结果，也仅仅意味着“它此时此刻是正确的”而已。也许到了明天就不是那么回事了。

学校的理科课教的都是用了五十年、一百年也没被推翻的理论与解释（这意味着它们应该是正确的）。因为不掌握那些基础知识，就无法解释科学。所以理科考试是有正确答案的，认为“课本上写的都是对的”并记住那些知识点（大体上）也无伤大雅。

然而在科学的最前沿，“众说纷纭、正误难分”才是家常便饭。意见出现分歧的原因有很多，包括“观测结果不充分”“实际涉及多项条件，但没能理清”，等等。

举个例子吧。在研究人员指出始祖鸟和恐龙之间的联系时，有人提出了反对意见：现代鸟类和始祖鸟有锁骨，但恐龙没有，所以这个观点站不住脚。但后续研究表明，部分肉食性恐龙还真有锁骨。今时今日，“鸟类是这种肉食性恐龙的后裔”已成学界的主流观点。

可一旦有新证据问世，现有观点也可能被彻底推翻。从这个角度看，科学是没有正确答案的。**我们能做的不过是“积累观察结果，提出假设，验证假设，尽可能接近正确答案”而已。**

但也不能嗤之以鼻道：“呵呵，科学归根结底不过只是一堆假设！”科学确实是假设的集合体，可假设的准确性各不相同。有的模棱两可，八字还没一撇，有的却高度准确，大概率不会被推翻。

例如，GPS会根据相对论修正从卫星接收的信号，这就相当于我们每次掏出手机点开导航软件，都是在重新验证相对论的准确性。如果相对论只是一个“不靠谱的假设”，导航系统就没法用了。

不过从“人类永远都无法确定某个观点是不是真理”这个角度看，科学也确实都是假设。

所以，如果你在科普读本中频频看到“据说”“可能”这样的表述，那反而是作者忠于科学的体现。科学家深知科学的局限性，因此非常抵触“绝对”之类的说辞，不会把话说死。电视节目往往会把这种“麻烦”的部分剪掉，可你要是当面向一位科学家提问，就很有可能得到一个比预期长十倍的答案，而且还附带一连串前提。

反之，如果有人面对什么样的问题都满怀自信地说："绝对是这样！""这就是科学的真理！"那他应该不是科学家，而是预言家。

发现了错误，随时都可以纠正——这才是科学。好比我在正文里提过"雄狮几乎啥也不干",这就是一个错误的观点。写完这本书后，我才在文献里读到，"雄狮跑得慢，在捕猎小型猎物时发挥不了作用，但在伏击大型猎物时，它们能充分利用自身的体重，为狮群做贡献"。

请允许我借此机会加以订正。不过嘛……大众心目中的"百兽之王"确实不总是傲然领导狮群狩猎的，瘫在地上睡大觉才是常态。

最后再提一点。

这本书里介绍的生物行为与性状都是演化的终极成果，承载着那种生物的历史和苦衷。

当然，生物的身体并不是针对某种目的提前设计好的，而是**在现有身体的基础上反复进行微调与"魔改"的结果。**好比脊椎动物的颚，原本就是支撑腮的部分骨骼。

用于飞行的装置也是各有千秋。鸟类改造了前肢，并以发达的羽毛构成翼面。蝙蝠则用前肢和长长的手指撑开皮膜，用作翅膀。仔细观察，你就会发现蝙蝠的翅膀连着腿和尾巴，和飞翼式飞机有着异曲同工之妙——它们的全身几乎都成了翅膀。

飞蜥就更夸张了，朝侧面突出的肋骨之间长有皮膜。让骨头突出体外，用作翅膀，平时折叠起来收在体侧。这样的肋骨堪称“露骨”二字的写照。

就没有别的法子了吗？不过要想在不限制下肢自由度的前提下获得面积足够大的翅膀，好像也确实没有别的路可走了。除了昆虫，也就只有飞蜥演化出了除寻常四肢之外的翅膀。

如此想来，鸟类便是“为飞行牺牲了前肢的生物”，而蝙蝠则是“不仅牺牲了前肢，连后腿都遭了殃的生物”。单看文字，怕是会给人一种“鸟类和蝙蝠都在胡闹”的印象。

可它们的演化收获了怎样的结果呢？

鸟类自中生代末期发家，如今已发展成一个大家族，全球约有一万种。蝙蝠（翼手目）多为夜行性，且体形较小，所以并不惹眼，但也有大约一千种遍布世界各地。哺乳动物总共也就四千三百种，蝙蝠却占了五分之一还多。顺便一提，种数最多的是啮齿目（一千四百种），说老鼠和蝙蝠撑起了哺乳动物的半壁江山都不为过。[1]

更值得大书特书的是，陆生动物难以到达的岛屿上也有蝙蝠分布。夏威夷也好，新西兰也罢，蝙蝠都是人类到来（并引入各种哺乳动物）之前唯一的本土哺乳动物。

1　参见2017年科学出版社出版的《哺乳动物学》，翼手目约有一千三百多种，哺乳动物约有五千五百多种，啮齿目约有两千四百多种。

“用现有资源将就对付”是生物演化的主旋律。演化也许会催生出非常奇怪的性状。有些生物用一些东西换来了另一些东西，有些则是千万年保持着原样。

但只要是能让生物生存下去的法子，就是不折不扣的好法子。

这个世界上没有“尴尬的演化”，更没有“遗憾的生物”。

松原始

2022 年 11 月

附录　译名对照表

ダニ	蜱螨	Acari
オオタカ	苍鹰	Accipiter gentilis
ヨシキリ	苇莺	Acrocephalidae
オオヨシキリ	东方大苇莺	Acrocephalus orientalis
シマエナガ	北长尾山雀北海道亚种	Aegithalos caudatus japonicus
ハゲワシ	秃鹫	Aegypius monachus
カワセミ	普通翠鸟	Alcedo atthis
ヤブツカツクリ	丛冢雉	Alectura lathami
チャイロニワシドリ	褐色园丁鸟	Amblyornis inornata
ウモウダニ	羽螨	Analgoidea
コガモ	绿翅鸭	Anas crecca
マガモ	绿头鸭	Anas platyrhynchos
カルガモ	斑嘴鸭	Anas zonorhyncha
ハイイロガン	灰雁	Anser anser
ヤブカケス	丛鸦	Aphelocoma
コウテイペンギン	帝企鹅	Aptenodytes forsteri
オウサマペンギン	王企鹅	Aptenodytes patagonicus
ノドアカハチドリ	红喉北蜂鸟	Archilochus colubris
アオサギ	苍鹭	Ardea cinerea
チュウサギ	中白鹭	Ardea intermedia
サギ	鹭	Ardeidae
ツマグロヒョウモン	斐豹蛱蝶	Argyreus hyperbius

オカダンゴムシ	普通卷甲虫	Armadillidium vulgare
ハシビロコウ	鲸头鹳	Balaeniceps rex
ハワイガン	夏威夷黑雁	Branta sandvicensis
アマサギ	牛背鹭	Bubulcus ibis
サイチョウ	犀鸟	Bucerotidae
タマムシ	吉丁虫	Buprestidae
ブダイの仲間	绚鹦嘴鱼属	Calotomus
キツツキフィンチ	拟䴕树雀	Camarhynchus pallidus
ラケットヨタカ	旗翅夜鹰	Caprimulgus longipennis
ゲンゴロウブナ	日本白鲫	Carassius cuvieri
ホホジロザメ	噬人鲨	Carcharodon carcharias
コンニャクウオ	短吻狮子鱼属	Careproctus
ノガンモドキ	叫鹤	Cariamidae
カミキリムシ	天牛	Cerambycidae
ヒメヤマセミ	斑鱼狗	Ceryle rudis
ウグイス	树莺	Cettiidae
チドリ	鸻	Charadriidae
ユスリカ	摇蚊	Chironomidae
オオニワシドリ	大亭鸟	Chlamydera nuchalis
ユリカモメ	红嘴鸥	Chroicocephalus ridibundus
カワラバト	原鸽	Columba livia
ドバト	野化家鸽	Columba livia domestica
モリバト	斑尾林鸽	Columba palumbus
ヌー	牛羚	Connochaetes
ライラックニシブッポウソウ	紫胸佛法僧	Coracias caudatus
クロコンドル	黑美洲鹫	Coragyps atratus
ワタリガラス	渡鸦	Corvus corax
ハシボソガラス	小嘴乌鸦	Corvus corone
ミナミワタリガラス	澳洲渡鸦	Corvus coronoides
ミヤマガラス	秃鼻乌鸦	Corvus frugilegus
ハワイガラス	夏威夷乌鸦	Corvus hawaiiensis
ハシブトガラス	大嘴乌鸦	Corvus macrorhynchos
カレドニアガラス	新喀鸦	Corvus moneduloides
イエガラス	家鸦	Corvus splendens
ナイルワニ	尼罗鳄	Crocodylus niloticus

カッコウ	大杜鹃	Cuculus canorus
ゾウムシ	象鼻虫	Curculionoidea
オナガ	灰喜鹊	Cyanopica cyanus
オオルリ	白腹蓝鹟	Cyanoptila cyanomelana
コブハクチョウ	疣鼻天鹅	Cygnus olor
シロイルカ	白鲸	Delphinapterus leucas
ニキビダニ	蠕形螨	Demodex
ヤドクガエル	箭毒蛙	Dendrobatidae
チスイコウモリ	吸血蝠	Desmodus
ナミチスイコウモリ	普通吸血蝠	Desmodus rotundus
ハイギョ	肺鱼	Dipnomorpha
トビトカゲ	飞蜥	Draco
ハワイミツスイ	夏威夷吸蜜鸟	Drepanididae
コサギ	白鹭	Egretta garzetta
アオダイショウ	日本锦蛇	Elaphe climacophora
アジアゾウ	亚洲象	Elephas maximus
ハタ	石斑鱼	Epinephelinae
カワラバッタ	河原蝗	Eusphingonotus japonicus
ブナ	钝齿水青冈	Fagus crenata
チゴハヤブサ	燕隼	Falco subbuteo
キビタキ	黄眉姬鹟	Ficedula narcissina
オオグンカンドリ	黑腹军舰鸟	Fregata minor
クルマバッタ	云斑车蝗	Gastrimargus marmoratus
アオミノウミウシ	大西洋海神海蛞蝓	Glaucus atlanticus
ハリガネムシ	铁线虫	Gordioidea
ゴリラ	大猩猩	Gorilla
キュウカンチョウ	鹩哥	Gracula religiosa
ヤマビル	山蛭	Haemadipsa zeylanica japonica
ハダカデバネズミ	裸鼹鼠	Heterocephalus glaber
シラミバエ	虱蝇	Hippoboscidae
ウグイス	日本树莺	Horornis diphone
レンカク	水雉	Hydrophasianus chirurgus
テナガザル	长臂猿	Hylobatidae
ヒヨドリ	栗耳短脚鹎	Hypsipetes amaurotis
ダルマザメ	巴西达摩鲨	Isistius brasiliensis

マダニ	蜱	Ixodida
カツオ	鲣	Katsuwonus pelamis
ホンソメワケベラ	裂唇鱼	Labroides dimidiatus
モズ	伯劳	Laniidae
ハゲコウ	秃鹳	Leptoptilos
ヒカゲチョウ	眼蝶	Lethe sicelis
ダンゴウオ	雀鱼	Lethotremus awae
クサウオ	狮子鱼属	Liparis
トノサマバッタ	飞蝗	Locusta migratoria
オナガラケットハチドリ	叉扇尾蜂鸟	Loddigesia mirabilis
シマキンパラ	斑文鸟	Lonchura punctulata
ジュウシマツ	十姊妹	Lonchura striata var. domestica
アンコウ	鮟鱇	Lophiidae
アフリカゾウ	非洲草原象	Loxodonta africana
ニホンザル	日本猕猴	Macaca fuscata
タカアシガニ	甘氏巨螯蟹	Macrocheira kaempferi
ハジラミ	鸟虱	Mallophaga
マメハチドリ	吸蜜蜂鸟	Mellisuga helenae
コトドリ	华丽琴鸟	Menura novaehollandiae
カワアイサ	普通秋沙鸭	Mergus merganser
マネシツグミ	嘲鸫	Mimidae
マンボウ	翻车鲀	Mola mola
セキレイ	鹡鸰	Motacilla
ウツボ	海鳝	Muraenidae
ハツカネズミ	小家鼠	Mus musculus
ヒタキ	鹟	Muscicapidae
ヌタウナギ	盲鳗	Myxinidae
スナメリ	印太江豚	Neophocaena phocaenoides
エジプトハゲワシ	白兀鹫	Neophron percnopterus
カワムツ	特氏东瀛鲤	Nipponocypris temminckii
ウオクイコウモリ	墨西哥兔唇蝠	Noctilio leporinus
ゴイサギ	夜鹭	Nycticorax nycticorax
タテハチョウ	蛱蝶	Nymphalidae
オイカワ	宽鳍鱲	zacco platypus
シャチ	虎鲸	Orcinus orca

オオセ	日本须鲨	Orectolobus japonicus
リュウキュウコノハズク	优雅角鸮	Otus elegans
オビラプトル	窃蛋龙	Oviraptor
ヤドカリ	寄居蟹	Paguroidea
ボノボ	倭黑猩猩	Pan paniscus
チンパンジー	黑猩猩	Pan troglodytes
アムールトラ	东北虎	Panthera tigris altaica
サバンナヒヒ	草原狒狒	Papio cynocephalus
オオフウチョウ	大极乐鸟	Paradisaea apoda
フウチョウ	极乐鸟	Paradisaeidae
シジュウカラ	远东山雀	Parus minor
スズメ目	雀形目	Passeriformes
プアーウィルヨタカ	弱夜鹰	Phalaenoptilus nuttallii
モンクロシャチホコ	苹掌舟蛾	Phalera flavescens
ケツァール	凤尾绿咬鹃	Pharomachrus mocinno
キジ	绿雉	Phasianus versicolor
アホウドリ	短尾信天翁	Phoebastria albatrus
ジョウビタキ	北红尾鸲	Phoenicurus auroreus
ツルヨシ	日本苇	Phragmites japonica
カツオノエボシ	僧帽水母	Physalia physalis
ピパ / コモリガエル	负子蟾	Pipa pipa
アブラコウモリ	东亚伏翼	Pipistrellus abramus
アユ	香鱼	Plecoglossus altivelis
アシナガバチ	马蜂	Polistinae
オランウータン	猩猩	Pongo
マメコガネ	日本金龟子	Popillia japonica
アライグマ	浣熊	Procyon lotor
プロトケラトプス	原角龙	Protoceratops
ヨウム	非洲灰鹦鹉	Psittacus erithacus
ニュウドウカジカ	软隐棘杜父鱼	Psychrolutes marcidus
フキナガシフウチョウ	萨克森极乐鸟	Pteridophora alberti
オオコウモリ	狐蝠	Pteropodidae
アズマヤドリ / ニワシドリ	园丁鸟	Ptilonorhynchidae
アオアズマヤドリ	缎蓝园丁鸟	Ptilonorhynchus violaceus
アデリーペンギン	阿德利企鹅	Pygoscelis adeliae

オオハシ	巨嘴鸟	Ramphastidae
キムネオオハシ	厚嘴巨嘴鸟	Ramphastos sulfuratus
オニオオハシ	鞭笞巨嘴鸟	Ramphastos toco
ヤマカガシ	虎斑颈槽蛇	Rhabdophis tigrinus
タマシギ	彩鹬	Rostratula benghalensis
シギ	鹬	Scolopacidae
ジュウニセンフウチョウ	十二线极乐鸟	Seleucidis melanoleucus
バラクーダ	梭子鱼	Sphyraena barracuda
トウゾクカモメ	贼鸥	Stercorariidae
コアジサシ	白额燕鸥	Sterna albifrons
コムクドリ	紫背椋鸟	Sturnus philippensis
ウミスズメ	扁嘴海雀	Synthliboramphus antiquus
ヤマドリ	铜长尾雉	Syrmaticus soemmerringii
オヒキコウモリ	宽耳犬吻蝠	Tadarida insignis
ミミックオクトパス	拟态章鱼	Thaumoctopus mimicus
マグロ	金枪鱼	Thunnus
アジ	竹荚鱼	Trachurus japonicus
ドチザメ	皱唇鲨	Triakis scyllium
トビケラ	石蛾	Trichoptera
ハチドリ	蜂鸟	Trochilidae
ハンドウイルカ	宽吻海豚	Tursiops truncatus
タイランチョウ	霸鹟	Tyrannidae
ヒグマ	棕熊	Ursus arctos
ツキノワグマ	亚洲黑熊	Ursus thibetanus
スズメバチ	胡峰	Vespinae
クマバチ	木蜂	Xylocopa appendiculata
キムネクマバチ	黄胸木蜂	Xylocopa appendiculata circumvolans
メジロ	日本绣眼鸟	Zosterops japonicus

明室
Lucida

照亮阅读的人

主　　编　陈希颖
副 主 编　赵　磊
策划编辑　刘麦琪
特约编辑　刘麦琪
营销编辑　崔晓敏　张晓恒　刘鼎钰
设计总监　山　川
装帧设计　曾艺豪 @ 大撇步
责任印制　耿云龙
内文制作　丝　工

版权咨询、商务合作：contact@lucidabooks.com

上海光之室文化传播有限公司　Shanghai Lucidabooks Co., Ltd.